U0942941

QINGHAI MINZUDIQU
ERTONG QINGSHAONIAN
XINLIFAZHAN YU JIAOYU

青海民族地区儿童青少年心理发展与教育

李美华　编著

民族出版社

目　录

第一章

青海民族地区儿童青少年心理发展与教育概述

青海省是一个典型的多民族聚居地，除汉族外，以藏族、回族、土族、蒙古族居多，可以说青海是汉族文化、藏族文化、蒙古族文化和伊斯兰文化的交汇融合之处。在这样一个多民族并存，多元文化共同存在的地区，随着经济社会文化的发展、社会变迁速度加快，不同民族的人们都面临着社会文化的变化，从而引发出一系列的问题。儿童青少年是社会文化影响的易感人群，必然会受到社会文化变迁的影响。本章首先对青海民族地区儿童青少年心理发展与教育的研究项目背景、青海省民族地区的研究地域背景、研究的意义进行了阐述，其次对研究的对象、方法、工具进行了详细的介绍，最后对研究的主要内容及结论进行了总结。

第一节　研究背景及意义

一、研究背景

（一）研究项目背景

党的十九大报告指出："深化民族团结进步教育，铸牢中华民族共同体意识，加强各民族交往、交流及交融，促进各民族像石榴籽一样紧紧抱在一起，共同团结奋斗、共同繁荣发展。"在我国"中华民族一家亲，同心共筑中国梦"的时代背景下，民族地区教育应贯彻落实习近平新时代中国特色社会主义思想，铸牢各族学生接力实现中国梦的思想根基和信念之魂，将中华民族共同体意识教育纳入教育教学改革体系。教育工作者从民族心理的视角开展理论与实践研究，找准教与学的心理契合点、情感共鸣点、价值结合点，创新民族地区教育工作的方式方法，推动民族地区儿童青少年的心理发展与教育，完善民族地区儿童青少年的培育模式，对于促进各民族心理融合、民族团结、民族地区繁荣发展、建设社会主义和谐社会都有着重要的意义。

我国的心理学工作者经过不懈的努力，对儿童青少年心理发展进行研究，取得了丰硕的研究成果。中华人民共和国成立以来，我国开展的研究儿童青少年心理特征的大规模调查主要有两次：一是 1983 年，在教育部召开的第二次全国教育科学会议上，批准了由朱智贤主持的"中国儿童（青少年）心理发展特点与教育"的国家级重点科研项目，项目从认知、情绪和社会性方面全面系统地揭示了中国儿童青少年心理发展的特点。在这次大规模的调查中，由青海省王襄业教授主持的"中国青海省各民族儿童青少年心理发展与教育——跨文化的研究"课题作为子课题，对青海省民族地区的儿童开展了系统全面的调查研究。该研究主要对青海省各民族儿童青少年认知能力发展水平特点和个性心理特征进行比较研究，研究从年龄、民族、性别、地区四个维度出发，研究结果表明青海省各民族 9—15 岁的儿童青少年，在认知和个性心理特征的发展上，既存在共性，也存在明显的地区和民族差异，并指出形成这种差异的一个重要原因是不同文化环境对青海各族儿童和青少年的心理发展产生了不可忽视的影响。二是进入 21 世纪以来，我国政府提出科教兴国战略，从提高人口素质、建设人力资源强国的角度出发，加强了对儿童青少年的心理发育的研究。在 2006 年，科学技术部部署了由北京师范大学“认知神经科学与学习”国家重点实验室牵头，全国 52 所高校和临床研究机构参加的国家科技基础性工作重点专项“中国儿童青少年心理发育特征调查”项目，该项目从认知能力、学业成就、社会适应、成长环境等儿童青少年阶段重要发展领域，对全国 6—15 岁的儿童青少年开展了大规模的取样调查研究。开发出了适合我国国情的成套系列标准化测查工具，建立了我国第一套具有全国代表性的 6—15 岁儿童青少年个性心理发育特征常模。青海省作为参与省份，按照课题组的统一要求，对西宁市的抽样学校开展了系列调查，并将调查结果返回课题组，作为课题组的有机组成部分。该研究从年龄 / 年级特点、性别差异，城乡与区域差异等维度对儿童青少年的心理特征做了一系列的比较研究，研究发现：6—15 岁儿童青少年认知能力随年龄增长逐步提高，各年龄组之间差异显著；认知能力城乡差异显著，城市儿童青少年认知能力显著优于农村儿童青少年，在地区差异的比较中，发达地区与欠发达地区之间在认知能力上的差异显著；研究从积极和消极情绪两个方面，分别考察了 4—9 年级学生的主观幸福感、生活满意度、抑郁、焦虑、孤独感五个指标，发现在这五个维度上年级、性别、城乡、区域之间存在比较显著的差异。

这两项研究是中华人民共和国成立以来我国开展的大规模的心理学调查研究，主要目的是对我国儿童青少年心理发育特征进行系统的、科学的、全面的研究，从而立体刻画出我国儿童青少年的心理发育特点。这两项研究虽然是全国规模调查，但在青海省的调查抽样涉及范围较窄，尤其是 2006 年“儿童青少年心理发育特征调查”项目，只涉及西宁市市区和邻近郊区，而没有涉及农牧区和其他民族聚居的地区，没有反映出民族地区文化对儿童青少年心理发展的影响。

儿童青少年心理发展特征主要包括三个方面的发展特点：一是认知的发展，主要指人对客观世界的认识活动，其中包括感觉、知觉、注意、表象、学习与记忆、思维和言语等心理过程，认知发展就是指上述有关的认知活动的发展；二是情绪和意志的发展，主要包括对情绪的认知，情绪的表达和控制以及意志活动的特点；三是个性的发展，主要指儿童青少年个性的形成和发展的过程以及社会化的过程。

（二）研究地域背景

青海省是青藏高原的重要组成部分，地处青藏高原北部，地势总体西高东低，从北向南依次为山地—盆地—低地—谷地—高原。平均海拔 3500 米以上，青南高原 4200 米以上，最高峰布喀达坂峰 6860 米，而东部海拔大都在 3000 米以下，东西最大高度差达到了 5200 米。面积为 72 万多平方千米，盆地约占全省总面积的 30.3%，河谷 4.8%，山地 59.0%，戈壁荒漠 4.2%，其他 2% 左右。青海省因境内有国内最大的内陆咸水湖——青海湖而得名，简称青。在行政区域划分上，截至 2015 年，青海下辖 2 个地级市，6 个民族自治州。2 个地级市即西宁市（省会）、海东市，6 个民族自治州即海南藏族自治州、海北藏族自治州、海西蒙古族藏族自治州、黄南藏族自治州、玉树藏族自治州、果洛藏族自治州。

西宁市是青海省的省会城市，位于青海省东部，是青海省全省的政治、经济、文化、教育、科教、交通和通信中心。所辖范围包括：城中区、城东区、城西区、城北区、大通回族土族自治县、湟中县、湟源县。西宁是典型的移民城市，多民族聚集，多宗教并存，是青藏高原唯一人口超过百万的中心城市，移民人口达 100 万之多。全市常住少数民族中，回族所占比例最大，藏族其次，土族再次之。

海东是青海省地级市，因位于青海湖以东而得名。所辖范围包括：乐都区、平安区、民和回族土族自治县、互助土族自治县、化隆回族自治县、循化撒拉族自治县。全市的常住少数民族中，所占比例从大到小依次为：回族、藏族、土族、撒拉族、蒙古族。

海南藏族自治州位于青海湖之南，是以藏族为主的多民族聚居区。所辖范围包括：共和县、同德县、贵德县、兴海县、贵南县。民族人口所占比例从大到小依次为：藏族、汉族、回族、土族、撒拉族、蒙古族、满族。

海北藏族自治州位于青海湖之北，是以藏族为主的多民族聚居区，故名海北藏族自治州。所辖范围包括：海晏县、祁连县、刚察县、门源回族自治县。其中，藏族、回族人口居多。

海西蒙古族藏族自治州，位于中国青海省的西部，因位于青海湖以西而得名。所辖范围包括：州府所在地德令哈市、格尔木市、天峻县、都兰县、乌兰县。是以蒙古族、藏族为主的多民族聚居区，因此藏族、蒙古族人口居多。

黄南藏族自治州位于青海省东南部，是以藏族为主的多民族聚居区。所辖范围包括：同仁县、尖扎县、泽库县、河南蒙古族自治县。

玉树藏族自治州，玉树藏语意为“遗址”，是青海省第一个、全国第二个成立的少数民族自治州。所辖范围包括：玉树市、杂多县、称多县、治多县、囊谦县、曲麻莱县。2010 年 4 月 14 日，青海省玉树藏族自治州玉树市发生地震，最高震级 7.1 级，此次地震造成的伤亡惨重，给儿童青少年带来了极大的心理创伤，因此，本次课题研究也专门针对玉树州震后儿童的心理发展状况进行了调研。

果洛藏族自治州位于中国青海省的东南部，其中藏族人口居多。所辖范围包括：玛沁县、班玛县、甘德县、达日县、久治县、玛多县。

青海省地貌类型非常复杂，历史文化的发展有一定的独特性，是多民族聚居区，全省共有 43 个民族，世代居住在青海的少数民族主要有藏、回、土、撒拉、蒙古等民族。青海省统计局发布的 2015 年全国 1% 人口抽样调查主要数据公报显示：至 2015 年 11 月 1 日，全省常住人口中，汉族人口为 307.26 万人，占 52.29%；各少数民族人口为 280.34 万人，占 47.71%。其中：藏族 148.25 万人，占 25.23%；回族 86.85 万人，占 14.78%；土族 20.84 万人，占 3.55%；撒拉族 11.34 万人，占 1.93%；蒙古族 10.59 万人，占 1.80%；其他少数民族 2.47 万人，占 0.42%。同 2010 年第六次全国人口普查相比，汉族人口增加了 8.91 万人，增长 2.99%；各少数民族人口增加 16.02 万人，增长 6.06%。

藏族是青藏高原最古老的民族之一，也是青海少数民族中人口最多的一个民族。青海位于青藏高原东北部，是我国藏族主要聚居地之一，藏族人口仅次于西藏。藏族人口主要集中在六个自治州，分别是海南藏族自治州、海北藏族自治州、海西蒙古族藏族自治州、黄南藏族自治州、玉树藏族自治州、果洛藏族自治州，还有一些散居在东部农业区各县。藏族人民拥有自己的语言与文字，普遍信仰藏传佛教。信仰藏传佛教的群众占青海省总人口的四分之一左右。

回族以“大分散、小集中”的形式分布于全国，是世居青海少数民族中历史悠久、人口较多、分布较广的一个民族，回族人民普遍信仰伊斯兰教。根据 2015 年的人口普查，青海省共有回族 86.85 万人，占 14.78%。主要分布在省内东部和东北部。西宁、门源、化隆、大通、民和、循化、湟中、平安、贵德、祁连、乌兰和尖扎等市县较为集中，其他州、县也有分布。中华人民共和国成立后，在回族聚居的门源、化隆分别建立了回族自治县，在民和、大通分别建立了回族土族自治县，在平安、湟中等县建立了 10 个回族乡。

土族是中国人口较少的民族之一，现有人口接近20万。土族是青藏高原最古老的民族之一，其中青海省境内的土族约占全国土族总人口的85%。主要分布在青海省互助土族自治县、民和回族土族自治县、大通回族土族自治县、黄南藏族自治州的同仁县和乐都县，部分散居于海北藏族自治州的门源县以及海西蒙古族藏族自治州等地；还有2万多人聚居于甘肃省天祝藏族自治县、肃南裕固族自治县、兰州市永登县、临夏回族自治州积石山保安族东乡族撒拉族自治县和甘南藏族自治州卓尼县等地区。

蒙古族自蒙古汗国时期进入青海，就把它作为放牧马牛羊驼的基地，在700多年的历史中，一直经营着这块水草丰美的土地，为开发青海，发展畜牧业，作出了重要贡献，是青海省现居住的少数民族之一。蒙古族擅长骑射，由此被称为“马背上的民族”，普遍信仰萨满教、藏传佛教等。现主要居住在青海省海西蒙古族藏族自治州。

由于民族众多，各民族的信仰、文化、语言、生活方式等方面经过历史的发展与文化的交融碰撞，形成了独特的多元一体文化交汇融合。在这样一个多民族并存，多元文化共存的地区，随着经济社会文化的发展，社会变迁剧烈。在这种变迁过程中，不同民族的人们都面临着社会文化的震荡，出现一系列的问题，儿童青少年是社会文化影响的易感人群，必然会受到社会文化变迁的影响。

二、研究意义

20世纪80年代，费孝通先生提出了“中华民族的多元一体格局”理论构想[①]，这一理论构想有助于增进人们的文化认同。习近平总书记指出，加强中华民族大团结，长远和根本的是增强文化认同，正确认识多元与一体的关系是增进文化认同的前提和基础。

青海省是一个多民族省份，具有多民族并存，多元文化共存的特点，存在于“多元一体”的文化大格局下。民族教育在我国“多元一体”文化格局进程中具

① 费孝通:《中华民族的多元一体格局》，载《北京大学学报》(哲学社会科学版)，1989，26(4): 3-21.

有重要的影响，[①]民族文化教育对民族地区儿童青少年的心理发展具有不可忽视的作用。查阅文献，我们从以往的研究中可以总结出，文化认同与儿童青少年的社会适应、主观幸福感、心理健康等具有密切的关系。[②③④⑤]民族文化教育的过程中，正确把握多元与一体的辩证统一关系，增强文化认同，促进青海民族地区儿童青少年的心理发展与教育，具有重要的理论与现实意义。

另外，随着现代化进程的发展，青海省也必将伴随着社会文化的变迁，在这一系列变迁过程中，内地化是变迁的主流。有研究指出，社会文化变迁与精神卫生问题具有密切的关系。[⑥⑦]儿童青少年是社会文化的易感人群，在民族地区生活的儿童青少年，他们的身心发展不仅会受到多元文化氛围的影响，也会受到文化变迁的影响。

在这种社会文化变迁的背景下，对青海民族地区儿童青少年心理发展与儿童青少年心理发展的特征做较为深入细致的研究，试图从纵向的角度揭示随着社会文化的变迁，青海省民族地区儿童青少年的心理发育特征，并与全国常模作对比，探索在青海民族地区多元文化影响下，儿童青少年心理发育特征的独特性，建设具有区域特色的心理学。找出影响儿童青少年心理和行为问题的主要因素，建设针对民族地区儿童青少年的心理咨询平台，为提高民族地区儿童青少年的身心健康水平服务，同时，也为政府相关机构制定相应的教育政策提供参考，为科学合理的决策服务。

---

① 严秀英、张乐、高渴欣：《民族教育在我国“多元一体”文化格局形成中的作用——基于朝鲜族青少年民族文化心理发展的特点》，载《民族高等教育研究》，2015，3（1）：18–22。

② 胡发稳、李丽菊：《哈尼族中学生学校适应及其与民族文化认同的关系》，载《中国健康心理学杂志》，2010，18（10）：1214–1217。

③ 胡发稳：《哈尼族中学生文化认同及其与学校生活满意度的关系》，载《心理发展与教育》，2009，25（2）：86–90。

④ 叶宝娟、方小婷、董圣鸿等：《文化智力对少数民族预科生主观幸福感的影响：主流文化认同和自尊的链式中介作用》，载《心理发展与教育》，2017，33（6）：744–750。

⑤ 叶宝娟、方小婷：《文化智力对少数民族预科生主观幸福感的影响：双文化认同整合和文化适应压力的链式中介作用》，载《心理科学》，2017（4）：892–897。

⑥ 赵旭东、何慕陶：《社会文化变迁与精神卫生》，载《中国心理卫生杂志》，1991（3）：113–115。

⑦ 陈云华、吴龙玉：《文化社会文化变迁与精神卫生》，载《现代医药卫生》，2014（14）：2233–2234。

第二节　研究设计

一、研究对象

此次研究共调查了青海省 24 所中小学、8 所高校，共计 8718 名学生，最后收回有效问卷 8454 份，有效率为 96.97%。表 1–1 为调查的 8718 名学生的分布情况。

表 1–1　研究对象分布情况一览表

市、自治州	调研地点	学校	人数
西宁市	城中区、城东区、城西区、城北区、大通回族土族自治县	5 所中小学	1480
		8 所高校	2610
海东市	民和回族土族自治县、互助土族自治县、化隆回族自治县	8 所中小学	2019
海南藏族自治州	兴海县	1 所中学	156
海北藏族自治州	门源回族自治县	1 所中学	275
海西蒙古族藏族自治州	德令哈市	2 所中学	822
黄南藏族自治州	同仁县	3 所中小学	214
玉树藏族自治州	玉树市	4 所中小学	1142
合计			8718

二、研究方法

（一）文献研究法

文献研究法是一种古老而又富有生命力的研究方法，要求研究者对文献进行搜集、鉴别和整理，研究者通过对文献的研究而形成对客观事实的科学认识。

本次课题研究中，我们先根据现有的理论、事实和需要，对民族地区儿童青少年心理发展与教育的有关文献进行分析、整理和重新归类，对已有研究的理论、研究设计与研究结论进行文献综述，进而提出研究假设，最后建立具体的研究目标。

（二）问卷调查法

问卷调查法是研究者以调查研究的内容为依据，按照一定的目的和计划，用统一、严格设计的问卷来收集研究对象有关的行为数据和心理特征资料的一种研究方法。

本次课题研究中，我们通过问卷调查的方式了解研究对象的基本人口学资料，例如所属的民族地区、性别、民族、学校、年级等。

（三）心理测验法

心理测验法是心理学研究中常用的一种研究方法，是采用以一定的理论和概念含义为基础、预先经过标准化的心理测验量表或精密的测验仪器来测量被试的某种心理特征的研究方法。

本次课题研究中，使用经过标准化的一些测验量表对研究对象进行施测，要求被试按照真实情况回答。分为两种施测情况：第一，对藏族学生汉语的认知加工进行比较研究时，采取个别测试的方式，使用汉语并通过计算机呈现刺激；第二，统一印刷纸质版本的心理测验量表，以班级为单位进行团体施测，统一发放，当场回收。

（四）定量分析法

定量分析法：指采用统计学的方法，对收集到的有关研究对象的数据进行整理、分析、预测和推论的方法。本研究利用统计软件 SPSS，采用 t 检验 \ 单因素方差分析、皮尔逊（pearson）相关分析、回归分析、中介效应及调节效应检验等统计方法对数据进行了整理、分析。

三、研究工具

（一）《基本情况调查表》

主要是通过问卷了解研究对象的基本人口学资料的相关内容，例如调查研究对象所属的民族地区、性别、民族、学校、年级等。

（二）《汉语认知测验》

《汉语认知测验》主要包括汉语语音的认读、记忆测验、词义联想和对句子的理解等。

（三）《艾森克个性问卷—儿童版》

该问卷共包括 88 个项目。用于评定 7—15 岁儿童的人格特征，一共包括 4 个维度：内外向性（E）、稳定性（N）、精神质（P）、掩饰性（L）。被试对每一个项目回答“是”，即该项目符合被试现状，回答“否”，说明该项目不符合被试的实际情况。根据计分要求，对回答“是”的项目记为 1 分，回答“否”的项目记为 0 分。然后各项目相加分别计算出四个分量表得分。如果被试的掩饰性量表得分大于或者等于 70，则说明被试回答问卷时掩饰性过高，该问卷无效。

（四）《皮尔斯—哈里斯儿童自我意识量表》

Piers–Harris 儿童自我意识量表，1969 年编订。有 6 个因子：行为（16），智力与学校情况（17），躯体外貌与属性（13），焦虑（14），合群（15），幸福与满足（10）。苏林雁等 2001 年在 20 个城市采样 1698 人，建立了皮尔斯—哈里斯儿童自我意识量表（Piers–Harris–Children's self–concept scale）中国常模。按原量表规定，总分得分在第 30 百分位和第 70 百分位之间为正常范围；得分低于第 30 百分位（相当于粗分 46）为自我意识水平偏低，提示该儿童可能存在某些情绪或行为问题或社会适应不良，有自信心不足、自我贬低或自暴自弃倾向；得分高于第 70 百分位（相当于粗分 58）为自我意识水平过高，提示该儿童可能对自己要求过高，过于求全或存在焦虑情绪，对挫折的耐受能力不足（具体尚需结合临床来综合评价）。

（五）《罗森博格自尊量表》（SES）

由罗森博格（Rosenberg）于 1965 年编制，目前是我国心理学界使用最多的自尊测量工具。量表分四级评分，“非常同意”计 4 分，“同意”计 3 分，“不同意”计 2 分，“非常不同意”计 1 分，1、2、4、6、7 题正向记分，3、5、8、9、10 题反向记分，总分范围是 10 ~ 40 分，分值越高，自尊程度越高。评分标准：得分在 10 ~ 40 分。自卑者：10 ~ 15；自我感觉平常者：16 ~ 25；自信者：26 ~ 35；超级自信者：36 ~ 40。

（六）《儿童孤独感量表》（CLS）

用于评定儿童孤独感与社会不满程度。本量表中有 16 个条目可以评定儿童的孤独感、社会不适应感以及对自己在同伴中地位的主观评价。其中 10 个条目指向孤独，6 个条目指向非孤独，另外 8 个为补充条目，指向业余爱好，有助于儿童在回答问题时更为放松，并无测量作用。本量表采用 5 点计分，得分范围为 16 ~ 80 分。

（七）《青少年亲社会行为倾向量表》（PTM）

青少年亲社会行为倾向量表，采用 5 点计分，由 26 道题组成，分数范围为 26 ~ 130 分。卡罗（Carlo）最初提出了亲社会行为的 4 个维度，分别为利他的、依从的、情绪性的和公开的，之后又编制了多维测量工具（PTM），包括公开的、匿名的、利他的、依从的、情绪性的、紧急的六个维度，其中公开的（第 1、3、5、13 题），指助人者在公众场合或第三方看到的情况下帮助受助者的亲社会行为倾向；匿名的（第 8、11、15、19、22 题），指助人者在不知道受助者是谁的情况下的亲社会行为倾向；利他的（第 4、10、16、20、23、24 题），指助人者出于为减轻受助者痛苦的动机做出帮助的亲社会行为倾向；依从的（第 7、18 题），指助人者在受助者请求下做出帮助的亲社会行为倾向；情绪性（第 2、12、17、21、25、26 题），指助人者在自己情绪唤起的情境中做出帮助的亲社会行为倾向；紧急的（第 6、9、14 题），指发生紧急事件时助人者做出帮助的亲社会行为倾向。

（八）《MMCS 多维度—多归因因果量表》

该量表分为两部分，分别涉及学业成就和人际关系，本次测试只考察了学业成就，不涉及人际关系。MMCS 提出了四类可能的归因，即属于内控性的能力和努力，属于外控性的运气与背景。共有 24 题，采用 5 点计分方式，分数范围在 24 分到 120 分之间。外控性得分与内控性得分的差值为归因总分，数值越大，外控性越强。

（九）《同伴友谊质量量表》（FQQ）

同伴友谊质量量表（Friendship Quality Questionaire），最初由 Parker 和 Asher 在 1993 年编制，我国学者邹泓等在 1998 年翻译并修订了汉语版本。原 Parker 和 Asher 的量表中共 40 个项目，分为 6 个维度，即肯定与关心、帮助与指导、陪伴与娱乐、亲密袒露与交流、冲突解决策略以及冲突与背叛。邹泓在研究中通过探索性因素分析去掉了不适合中国学生的 5 道题，将原先预想的冲突解决策略维度中的题目自然归入帮助与支持维度，修订后的维度为帮助与支持、陪伴与娱乐、肯定价值、亲密袒露与交流、冲突与背叛。每个被试在每个维度上的分数是该维度所有项目分数之和的平均。该量表采用 4 点计分，共 35 个项目，分数范围为 35 ~ 140 分。本量表为正向计分，分数越高表示友谊质量越高。

（十）《Schwartz 价值观量表》（SVS）

谢洛姆·施瓦茨（Shalom H. Schwartz）等人（1992，1994，1995）编制的“Schwartz 价值观量表”（Schwartz Values Survey，简称 SVS），试图描绘出一个世界范围的价值观地形图（geography of values），将各个文化标识在相对的位置上（mapping cultural groups）。他的研究包括了 57 项价值观，用以代表自我超越、自我提高、保守、对变化的开放性态度等 4 个维度的 10 个普遍的价值观动机类型（universal motivational types of values），并揭示他们之间的结构关系。被试测试时要考虑日常生活中，哪些价值观作为生活的指导原则对我是重要的，哪些是不重要的，分为五个等级评分，1 代表与我的价值观相反，2 代表不重要，3 代表一般，4 代表重要，5 代表非常重要，数值越高，代表这一价值观对自己越重要。施瓦茨价值观量表四个维度为自我提高、自我超越、保守和对变化的开放性态度，在四个维度下又划分了 10 种动机类型。在自我超越维度下包括了普遍性和慈善两个价值观动机，自我提高维度包括权力和成就两个价值观动机，保守包括传统、遵从和安全三项价值动机，对变化的开放性态度维度包括自我定向、刺激和享乐主义三项价值观动机。

本研究结合青海民族地区的文化背景，将量表进行了修订，删减了其中一些项目，经删减后共选择了 15 道题目。修订后量表的克朗巴哈 α 系数 (Cronbach's α) 为 0.889，其中传统价值动机共有 4 道题目，α 系数为 0.696；遵从价值动机共有 3 道题目，α 系数为 0.659；安全价值动机共有 2 道题目，α 系数为 0.727；自我定向价值动机共有 3 道题目，α 系数为 0.599 ；刺激价值动机共有 3 道题目，α 系数为 0.580。通过 AMOS22.0 分析表明因素分析结果良好（c2/df=1.412，GFI=0.974，AGFI=0.940，NFI=0.963，IFI=0.989，CFI=0.989，RMSEA=0.034）。

（十一）《心理复原力量表》（RS）中文版

由瓦格纳德（Wagnlid）和杨（Young）编制。该量表包括 25 个项目，采用 7 点评分方式进行评定，1 表示“极不符合”，7 表示“完全符合”。由个人能力、对自我与生活的接纳两个维度构成。该量表的总分介于 25 到 175 之间，145 分以上意味着心理复原力较强，120 分以下表示心理复原力较弱，120 ~ 145 分表示具有中等强度的心理复原力。总分越高，表示个体心理复原力越高。雷（LEI）等人曾在汶川地震灾区大学生中获得了该量表中文版的心理测量学指标，并提取出控制性、坚持性、效能感、独立性 4 个维度。① 瓦格纳德（Wagnlid）在 2009 的研究报告指出，心理复原力量表（RS）适用于不同文化背景的、各种年龄阶段的群体，是能够测量心理复原力的良好工具。②

（十二）《积极情感消极情感量表》（PANAS）

此量表也被称为正性负性情绪量表，原量表由沃森（Watson）等人（1988）根据情感二维结构理论编制，包含 20 个项目，描述积极情感和消极情感的词语各 10 个。郑雪等人（2008）在中国大学生中进行修订，③ 最终确定 18 个中文词语，采用 5 点评分方式进行评定，1 表示“非常轻微或根本没有”，5 表示“非

① 雷鸣：《PTSD 大学生的认知情绪特征与心理复原》，西南大学博士研究生学位论文，2011。
② Wagnild G. A review of the Resilience Scale.[J]. Journal of Nursing Measurement, 2009, 17(2): 105-13.
③ 邱林、郑雪、王雁飞：《积极情感消极情感量表（PANAS）的修订》，载《应用心理学》，2008（3）：249−254。

常强烈”。最终确定的 18 个项目中，项目 1、3、5、8、10、12、14、16、18 这 9 个项目与积极情感相关，项目 2、4、6、7、9、11、13、15、17 这 9 个项目与消极情感有关，要求被试根据最近一周体验到的相应的积极情感（positive affect）和消极情感（negative affect）的程度来进行回答。因此，积极情感量表和消极情感量表两个分量表的总分介于 9 到 45 之间。已有研究结果显示，该量表具有较好的信度和效度，且适用于我国人群的测量。①

（十三）《情绪调节问卷》（ERS）

情绪调节量表（Emotion Regulation Scale）是由王力通过情绪调节过程的模型编制而得的，研究显示该量表具有良好的心理测量学品质。② 总计有 14 个项目，当中将量表分为认知重评（或重新评价）和表达抑制两个维度，两个维度分别各占 7 个项目，均包括测量对厌恶、愤怒、悲伤、恐惧和快乐这 5 种基本情绪进行调节的项目以及 2 个测量从总体上个体是否经常使用某一策略的项目。采用 7 级计分的方式，其中 1 表示为“完全不同意”，7 则表示为“完全同意”。某个被试在认知重评维度上的得分越高，说明该被试平常多采用改变自己看待问题、重新理解情境的方式来调整自己的情绪；被试表达抑制的得分越高，表明其日常生活中多使用抑制自己表达或表露情绪的策略来调节自身情绪。

（十四）《家庭教养方式量表》（EMBU）

该量表是 1980 年由瑞典 Umea（于默奥）大学精神医学系 C. Perris（佩里斯）等人共同编制用以评价父母教养态度和行为的问卷。中国修订版 EMBU 量表共有 66 个题目，其中父亲教养方式分量表有 6 个维度共 58 题，母亲教养方式分量表有 5 个维度共 57 题。采用 1-4 级评分，每题需对父亲和母亲的因子分别计算。计算分析时，父亲量表剔除 19、24、26、38、41、47、54、63 题；母亲量表剔除 5、10、18、20、21、40、49、66 题。“总是”计 4 分，“经常”计

① 黄丽、杨廷忠、季忠民：《正性负性情绪量表的中国人群适用性研究》，载《中国心理卫生杂志》，2003，17（1）：54-56。

② 王力、张厚粲、李中权、柳恒超：《成人依恋、情绪调节与主观幸福感：重新评价和表达抑制的中介作用》，载《心理学院》，2007（03）：91-96。

3分，“偶尔”计2分，“从不”计1分，其中20、50、56三题进行反向计分。

父亲分量表六个维度分别是：情感温暖、理解；惩罚、严厉；过分干涉；偏爱被试；拒绝、否认；过度保护。母亲分量表六个维度分别是：情感温暖、理解；惩罚、严厉；过分干涉、过分保护；偏爱被试；拒绝、否认。

（十五）《大学生网络使用基本情况调查表》

该量表主要是通过问卷形式了解大学生网络使用的基本情况，例如调查大学生的网龄、平均每天上网的时长、使用的上网工具、主要的上网地点、上网的原因、上网的时候在哪些网络功能上花费较长时间等。

（十六）《大学生网络依赖程度调查表》

由杨晓峰2006年编制，在测试过程中，根据青海多民族、多元文化背景等多方面因素，将测试问卷进行了修订。① 修订后的《大学生网络依赖程度调查表》包括三个因素，健康与人际问题、戒断性、耐受性，共20个题目，通过网络成瘾来评定大学生对网络的依赖程度。采用利克特5点记分，1代表完全不符合，2代表不太符合，3代表一般符合，4代表比较符合，5代表完全符合，量表和分量表得分越高表明网络依赖程度越深。将总分在60分以上（含60分）的被试定义为“网络使用依赖群体”，60分以下的被试定义为“网络使用正常群体”。

研究中对实际施测的大学生网络依赖程度调查表的信度进行了检验，得出其内部一致性系数，也即同质性信度为0.921，其分半系数为0.859。健康与人际问题、戒断性、耐受性三个分量表的内部一致性系数分别为0.880、0.836、0.820。因此，这些数据可以说明本研究对实际施测的大学生网络依赖程度调查表具有良好的信度。以因子分析的结果来验证其结构效度，结果表明三因素模型的拟合程度良好。（c2/df=2.017，GFI=0.862，AGFI=0.827，NFI=0.839，IFI=0.912，CFI=0.911，RMSEA=0.069）。

① 杨晓峰：《大学生网络使用、网络成瘾和心理健康的关系研究》，内蒙古师范大学硕士研究生学位论文，2006。

（十七）《心理健康水平自评量表（SCL-90）》

SCL-90 包含 90 个项目，主要评定个体在感觉、情绪、思维、行为直至生活习惯、人际关系、饮食睡眠等方面的心理健康症状。被试根据自己一周以来的实际情况进行评定。在研究中，采用 0-4 计分，让被试选择最符合自己的一项，其中，0 代表“无”，4 代表“严重”。此量表常用的 10 个因子为：躯体化、强迫症状、人际关系敏感、抑郁、焦虑、敌对、恐怖、偏执、精神病性、其他项目（睡眠、饮食等）等。

（十八）自编《高校心理健康教育课程设置调查表》

研究过程中，我们自编了《高校心理健康教育课程设置调查表》，以此了解各校心理健康教师对于本校心理健康教育工作的满意程度。

第三节　研究的主要内容及结论

一、研究的主要内容

（一）青海藏族学生汉语认知加工研究

采用汉语言，对 214 名藏族中小学生在汉语语音认读、语词记忆、语义联想、句子理解等认知任务中进行个别测试，对藏族学生汉语的认知加工进行研究。

（二）藏族聚居区初中生自尊、友谊质量对价值观的影响

从青海省玉树藏族自治州第二民族中学、海南藏族自治州兴海县第一民族中学抽取被试，对初中生的自尊、友谊质量、价值观的基本特点进行调查，并分析自尊、友谊质量对价值观的影响。

（三）青海回族聚居区青少年心理复原力、情感二维度与情绪调节的关系研究

从青海省化隆回族自治县的化隆三中和群科新区高级中学抽取被试，对初一

至高二学生的心理复原力、情感二维度（积极情感和消极情感）、情绪调节进行调查，并探索这三者之间的关系。

（四）青海互助土族自治县儿童青少年自尊和家庭教养方式的关系研究

从青海省互助土族自治县台子乡中心学校、职业技术学校抽取被试，对土族地区初一至高三年级儿童青少年的自尊和家庭教养方式进行调查，分析他们的自尊、家庭教养方式的总体状况以及在人口学变量上的差异，并探索自尊与家庭教养方式之间的关系。

（五）蒙古族藏族聚居区青少年自尊、孤独感和亲社会行为的关系

从青海省海西州德令哈市的民族中学和德令哈一中抽取被试，对蒙古族藏族地区青少年初一至高三学生的自尊、孤独感、亲社会行为进行调查，并探索自尊、孤独感、亲社会行为三者之间的关系。

（六）玉树州震后儿童自尊、自我意识以及人格特点的研究

从青海省玉树藏族自治州八一孤儿学校（三年级至八年级）、第一完全小学（三年级至六年级）抽取被试，探索处境不利儿童的自尊、自我意识以及人格的特点及几者之间的关系。

（七）留守儿童的同伴友谊质量、人格特征与自尊的关系研究

选取青海省民和回族土族自治县川口小学和川垣小学的三到六年级留守儿童作为研究被试，对他们的同伴友谊质量、人格特征、自尊进行调查，分析留守儿童友谊质量与人格特征对自尊的影响。

（八）流动儿童自我意识与孤独感的状况研究

从青海省西宁市育才小学和杨家庄小学抽取被试，对 3—6 年级学生的自我意识与孤独感进行调查，分析小学流动儿童自我意识对孤独感的影响。

（九）青海民族地区大学生研究

为探析民族地区网络背景下大学生心理健康的特点，随机抽取青海 8 所高校大一至大四的 2610 名在校大学生，采用文献法、问卷调查法和访谈法对网络使用状况、心理健康和心理健康课程开设情况进行调查。

二、研究的主要结论

（一）青海藏族学生汉语认知加工特点

1. 汉字语音提取任务中，独体字认知效果最佳，形声字声旁位置在右的优于声旁位置在左的。

2. 工作记忆意义词优势效应显著；容量虽有限，但突显出系列位置效应。

3. 词的语义特征明显，能表现出丰富的文化内涵。

4. 句子的理解主要受句子形式的影响，但对肯定句的理解力优于对否定句的理解。

（二）藏族聚居区初中生自尊、友谊质量对价值观的影响

1. 藏族初中生的自尊和友谊质量没有性别和年级差异，除传统价值动机存在性别差异外，其他价值动机（遵从、安全、自我定向和刺激）均未出现性别差异和年级差异。

2. 自尊除与自我定向价值动机相关不显著外，与其他价值动机均显著相关，自尊仅能正向预测安全价值动机，对除安全的其他价值动机（传统、遵从、自我定向和刺激）模型不显著。

3. 友谊质量除冲突背叛维度外，其他维度（帮助陪伴、亲密交流、肯定价值和信任尊重）均与 5 种价值动机（传统、遵从、安全、自我定向和刺激）显著相关，友谊质量总分正向预测 5 种价值动机（传统、遵从、安全、自我定向和刺激）。

（三）青海回族聚居区青少年心理复原力、情感二维度与情绪调节的关系研究

1. 心理复原力在性别上差异不显著，在民族和年级上差异显著，回族儿童青

少年的心理复原力显著高于汉族和藏族的儿童青少年心理复原力，汉族与藏族之间没有显著差异；初一学生的心理复原力显著低于高一和高二学生的心理复原力，初三学生的心理复原力显著低于高二的心理复原力，而初一、初二、初三学生之间没有显著差异，高一与高二学生之间也没有显著差异。

2. 心理复原力与积极情感呈显著正相关，与消极情感呈显著负相关。

3. 表达抑制在心理复原力与消极情感之间存在调节效应，说明个体具有消极情感时，使用表达抑制的策略会使心理复原力有所提高。

4. 认知重评在积极情感和心理复原力之间起到了部分中介的作用。

（四）青海互助土族自治县儿童青少年自尊和家庭教养方式的关系研究

1. 互助地区儿童青少年的整体自尊得分为 28.21 ± 3.86。在初三和高三两个年级上学生的自尊得分略低于其他年级学生。土族学生自尊得分略低于当地汉族和藏族学生。

2. 互助地区儿童青少年的自尊得分在不同性别和不同学校上无显著差异。

3. 互助地区儿童青少年家庭教养方式各因子均分与全国常模相比均有显著差异。相比于全国常模，互助土族地区父母对子女的情感温暖、理解和偏爱更少；惩罚、严厉，过分干涉、过分保护和拒绝、否认更多。

4. 互助地区儿童青少年家庭教养方式的部分因子在性别上有显著差异。其中父亲教养方式中惩罚、严厉，过分干涉，拒绝、否认，过度保护四个因子在男女性别上有显著差异。对于男生，父亲更多地表现出惩罚、严厉，过分干涉，拒绝、否认和过度保护。而母亲对于男女生的教养方式没有显著差异。

5. 互助地区儿童青少年家庭教养方式的部分因子在学校上有显著差异。其中父亲教养方式中惩罚、严厉和拒绝、否认两个因子在不同学校上有显著差异，且台子乡中心学校得分均大于职业技术学校。母亲教养方式中拒绝、否认因子在不同学校上有显著差异，且台子乡中心学校得分大于职业技术学校。

6. 互助土族自治县儿童青少年自尊和家庭教养方式呈显著相关。其中自尊与父亲教养方式中的情感温暖、理解，母亲教养方式中的情感温暖、理解呈显著正相关；与父亲教养方式中的惩罚、严厉，过分干涉，母亲教养方式中的过分干涉、过度保护，拒绝、否认，惩罚、严厉呈显著负相关。进一步回归分析结果表明，父亲教养方式中的情感温暖、理解对儿童青少年的自尊有正向预测作用，惩罚、严厉，过分干涉和拒绝、否认对儿童青少年的自尊有负向预测作用。母亲教养方式中的情感温暖、理解对儿童青少年的自尊有正向预测作用，惩罚、严厉，过分干涉过度保护和拒绝、否认对儿童青少年的自尊有负向预测作用。

（五）蒙古族藏族聚居区青少年自尊、孤独感和亲社会行为的关系

1. 初三学生的自尊水平最低，孤独感体验最高。

2. 自尊与孤独感呈显著负相关，与亲社会行为呈显著正相关。

3. 自尊对孤独感有负向预测作用，对亲社会行为倾向中公开的、利他的、依从的、情绪的和紧急的这五个维度有正向的预测作用。

（六）玉树州震后孤儿自尊、自我意识以及人格特点的研究

1. 人格方面，精神质、内外倾向和效度的得分男生低于女生，情绪性的得分男生高于女生。不同维度在年级上的变化有所差异。

2. 自我意识方面不同维度上男女存在差异。

3. 自尊方面，自尊量表总分男生高于女生，自尊总分随着年级增长先下降后上升再下降最后上升。

（七）蒙古族藏族聚居区留守儿童的同伴友谊质量、人格特征与自尊的关系研究

1. 留守儿童的同伴友谊质量、人格特征与自尊之间存在相关。

2. 留守儿童的同伴友谊质量和人格特征对其自尊有一定的预测作用。

3. 留守儿童的同伴友谊质量对自尊的影响中，人格特征有一定中介作用。

（八）蒙古族藏族聚居区流动儿童自我意识与孤独感的状况研究

1. 儿童自我意识存在年级、性别差异。

2. 独生子女与非独生子女自我意识存在差异。

3. 有独立房间的儿童与无独立房间的儿童孤独感存在差异。

4. 儿童孤独感存在年级差异。

5. 儿童自我意识以及其各维度与孤独感存在显著负相关。

6. 儿童的行为、合群对孤独感有较强的预测作用。

（九）青海省大学生使用网络与心理健康水平研究

1. 多数大学生接触使用网络的时间较早、每天上网时间较长、更多地使用手机而非仅电脑。网络依赖（成瘾）大学生占 14.63%。

2. 从总体上看，与全国大学生常模相比，青海省大学生的心理健康水平偏低，在民族（除偏执因子外）、性别（除恐怖因子外）上存在显著差异。其中，在人际关系敏感、偏执因子上，显著低于全国大学生常模（$p<0.01$），在躯体化、强迫症状、焦虑、恐怖、精神病性因子上，显著高于全国大学生常模（$p<0.01$）。

3. 各高校均开设了心理健康教育课程，符合教育部要求。虽设有大学生心理健康中心，但配备的设施却都不齐全，所调查的 8 所高校除卫生学院外均只对新生建立心理档案，没有延续性。

第二章

青海藏族学生汉语认知加工研究

本研究采用个别测试的方式，使用汉语并通过计算机呈现刺激，让学生按要求完成相关任务，以青海省境内牧区的3所民族学校（小学、初中、高中各1所）共214名藏族中小学生为研究对象，了解其在汉语的认知测验中，汉语语音的认读、记忆测验、词义联想和对句子的理解等情况，并探讨藏族学生汉语认知加工的特点及原因。结果表明：1.汉字语音提取任务中，独体字认知效果最佳，形声字声旁位置在右的优于声旁位置在左的。2.工作记忆意义词优势效应显著；容量虽有限，但突显出系列位置效应。3.词的语义特征明显，表现出丰富的文化内涵。4.句子的理解主要受句子形式的影响，肯定句的理解优于否定句的理解。

第一节 研究背景及意义

随着认知语言学的发展，认知语言学从语言的角度或以语言为窗口研究人脑中的概念内容，其方法论也呈现多元化和跨学科的趋势。在西方英语国家，认知语言学是20世纪80年代以来最热的学科之一。认知语言学的专著、期刊论文等不计其数。国外认知语言学的研究包含语义与形式，即对语言的形式与语义的研究是并重的。随着研究的深入，认知语言学研究可以概括为：认知研究有语篇化趋势，文化与社会成为认知研究的一部分；“体验性”及对心智的研究是认知语言学家把自己的研究植根于“认知科学”的入口。

青海是一个多民族聚居的西部省份，藏族人口主要分布在6个藏族自治州29个牧区县18个纯牧业县，藏族人口的分布特征是“大分散、小聚居、交错杂居”，虽然具有共同地缘和民族语言，但随着各民族间的交流和融合，民族语言的单一特性势必发生变化。青海的农区、半农半牧区由于农耕文化的普同性，接受汉文化影响较早，具有一定的汉语言环境。纯牧区牧民群众生存方式是随季节流动、逐水草而居，母语交际的特征非常突出。相对而言，这些区域汉语言文字使用率低，汉语教学遇到的困难也很多；在城镇及城乡结合部由于外来的信息多，社会发展程度相对较高，汉语言文化对其个体渗入程度较深，影响较为广泛，因而对汉语价值的认可程度较高。

学习语言的过程，要在一定的过程和方法策略的指导下进行，而一定的过程和方法策略必须通过心智活动完成。所以，在学习语言的过程中，会受到内外部环境和认知的影响。我们得出了这样一种结论：汉语学习是一个以一定过程特别是方法策略为基础的心智过程。虽然藏族学生在汉语认知过程中的感知觉能力、推理能力、信息检索能力存在差异，但是他们会使用多种认知策略去理解、分析输入的汉语信息，以保证对汉语信息理解的正确性和可应用性，这是否就是“汉语学习及应用也是以认知为基础”的有力证据呢？应用认知心理学的观点和方法，将学生对汉语信息的加工、处理，包括汉语信息的输入、储存、内部加工和输出过程加以研究，是探索汉语习得内在因素、特别是汉语认知研究的范式，不仅能够探索汉语学习是否以认知为基础，而且对有效提高汉语教学质量能够起到积极的促进作用。

本研究试图以信息加工模式为基础，尝试运用认知心理学的认知处理策略对藏族学生学习、获得、掌握和运用汉语语言符号系统的部分认知机制进行探讨与研究，希望从中寻找到藏族学生汉语语音加工、文字加工与汉语阅读能力以及导致这些现象的内在认知机制，初步揭示汉语认知规律，充实认知语言学和认知心理学理论，为藏族地区提高汉语教学质量提供语言学和心理学基础。

1. 通过汉语学习，有效提高人们的跨语言和跨文化交际的能力，增进各民族之间相互理解、相互尊重、相互交融，构建中华民族共同体意识。

2. 研究有助于总结和概括民族学生汉语言学习及发展的规律，从而有效提高汉语言教学策略，既促使汉语言教学及研究取得更好的成果，又促使民族学生的汉语能力取得更好的发展。

3. 有助于开阔语言研究的视野，使民族汉语教学研究、汉语学习策略研究，特别是汉语言认知研究取得创新的成果。

4. 有助于开拓新的研究领域，新的研究方法以及新的理论的建构。

5. 有利于为进一步探索汉语认知特点提供新的研究思路。

汉语认知研究是一个重大的学术研究课题，我们对汉语认知领域的探索、分析和研究，一方面有助于我们更深入地了解语言与思维的关系，更好地探讨汉语教学的认知机制，为我国认知心理学的发展提供理论和实践依据；另一方面，也可为藏民族成员更好地继承弘扬中华民族优秀的传统文化、促进各民族间的文化交流奠定良好的语言基础，增加民族之间的融合度。

第二节　研究设计

一、研究对象

本次研究对象选取了青海省境内牧区的 3 所民族学校（小学、初中、高中各 1 所）共 214 名藏族中小学生。其中男生有 123 名，女生有 91 名；小学三年级学生 39 名、五年级学生 35 名、初二学生 71 名、高二学生 69 名，一共 4 个年级。他们的第一语言均为藏语（母语），第二语言是汉语。这些学生在校所接受的教学模式中，小学为一类模式，初高中兼具两类模式。

二、研究内容及方法

内容：关于汉语的认知测验，主要包括汉语语音的认读、记忆测验、词义联想和对句子的理解等。

方法：采取个别测试的方式，使用汉语语言并通过计算机呈现刺激，让学生按要求完成相关任务。

三、数据处理

采用 SPSS16.0 进行数据的统计与分析。信度分析，汉语测验的 α 系数为 0.75，测验均具有较好的信效度。

第三节　研究结果

一、藏族学生汉语认知的描述性统计分析

表 2-1　藏族学生汉语认知结果表

组别		人数	汉语认知
总体		214	56.94 ± 1.34
年级	三年级	39	42.26 ± 9.96
	五年级	35	58.60 ± 1.08
	初二	71	60.06 ± 1.26
	高二	69	61.2 ± 1.16
性别	男	123	57.10 ± 1.31
	女	91	56.74 ± 1.39

续表

组别		人数	汉语认知
教学模式	一类模式	102	58.81±1.16
	二类模式	112	55.24±1.57
汉语学习时间	1–4 年	50	43.62±9.91
	5–8 年	98	61.10±1.16
	9–12 年	66	60.86±1.17

通过年级比较发现：汉语语言认知速度均随着年级的提高而提升。汉语认知成绩随年级的增高不断提升。

在性别比较中，我们可以看出总体差异不显著；但从分项比较的结果看：汉语语言认知在小学五年级时女生高于男生。

二、藏族学生汉语语音认读特点的描述性统计分析

语音指的就是语言的声音，是人类发声器官发出的、最直接地记录思维活动的符号体系，负载着一定的语言意义。所以，语音是语言符号系统的一个非常重要的载体，也是口语的物质外壳和表达形式。语音认读其实就是人对语音的辨识过程，要想了解语音所代表的含义，只有在正确认知语音的基础上才可以实现。因此，基于对藏族学生汉语语音认读特点的分析探索，本研究测验分为两个重要部分。第一，采用计算机呈现汉语拼音的 20 个音节，让学生快速对它们认读；第二，采用计算机呈现 28 个形声字（包含 4 个独体字，12 个左形右声字，分完全相同、部分相同、完全不同和同样分类的 12 个左声右形字），分别考查学生汉语拼音及汉语形声字的认知特点。

（一）藏族学生汉语语音认读特点的描述性统计分析

相比较而言，藏族学生汉语语音认读中独体字的成绩最好，年级间差异也不具有显著性，$F(3, 210)=2.44$，$p>0.05$[①] 显示了汉语认读由简到繁的认

① F 检验（方差剂五检验）。

知规律；对声旁位置在右或在左的语音提取结果有差异，且左形右声形声字的语音加工优于左声右形的形声字；这就表明，声旁与整字读音关系的主效应较显著，$p<0.001$。经过多重比较表明，对声旁与整字读音完全相同的整字命名的正确率均显著高于声旁与整字读音部分相同或完全不同的字；而声旁与整字读音部分相同的命名正确率显著高于完全不同的字；年级主效应显著，F右声（3，210）=21.78，$P<0.001$；F左声（3，210）=65.11，$P<0.001$，同时，随着年级的升高，三种语音认读成绩也在不断提高。最终，我们可以得出藏族学生对汉语形声字认知的规律，与国内许多专家学者对汉族小学生所得研究的结果相吻合。

三、藏族学生汉语词加工的工作记忆的描述性统计分析

认知心理学把工作记忆理解为某种形式信息的暂时存储并进行加工处理的过程。[①] 与短时记忆相比，工作记忆具有对信息的储存和加工功能的同时性，这种形式的信息加工和储存方式蕴含在许多复杂、高级的认知活动中，如推理能力、言语理解、问题解决、心算等。有研究者认为："在个体的认知行为中工作记忆起到了一种不可替代的作用，已经被当作是个体在复杂认知行为中表现差异的一个核心因素。"[②]

表 2–2　藏族学生汉语语词工作记忆比较表

年级	人数	汉语词意义记忆数量	汉语词无意义记忆数量
总体	214	6.71±3.08	4.02±2.71
三年级	39	3.77±2.36	2.31±2.26
五年级	35	6.03±3.14	3.97±3.13
初二	71	7.44±2.78	4.61±2.65
高二	69	7.97±2.53	4.42±2.42

① 梁宁建:《当代认知心理学》，上海，上海教育出版社，2003。
② 赵鑫、周仁来:《工作记忆训练：一个很有价值的研究方向》，载《心理科学进展》，2010（5），711–717。

在语言理解中，最重要的就是工作记忆。比如，当工人在构建或整合解决问题思路时，在存储他们的“决策”和形成最终产物时，工作记忆发挥了重要的作用。本研究通过汉语语言的形式，采用计算机对有意义语词与无意义语词进行随机、成对呈现给学生，让他们进行记忆。

根据表 2-2 可知，学生在工作记忆中的认知表现出以下特点：

汉语在语词方面表现出了很大的优势，在有意义和无意义成对词中，有意义成对词的成绩高于无意义成对词，出现明显的系列位置效应，不论有意义词还是无意义词，效果都很明显。

四、藏族学生汉语语义联想认知的描述性统计分析

研究通过汉语语言，将红色、蓝色、黄色、绿色、白色、灰色和黑色 7 个词作为启动词用计算机分别呈现，并在每种颜色词呈现之后给出 3 个有联想意义的词，让学生根据自己的认知，从中挑选一个恰当的联想词语。

表 2-3　藏族学生汉语颜色词联想认知表

启动词	汉语联想义	启动词	汉语联想义
黄色	高贵	灰色	低调
蓝色	青春	红色	喜庆*
绿色	清爽	黑色	狂热*
白色	明快		

注：* 双语词差异较大

由表 2-3 可知，学生对汉语红、黄、白、灰、黑色词认知较为多元化，对蓝、绿色的认知较为集中。这表明，词的语义特征具有明显的语言形式及该语言所包含的某种文化特征。进一步从汉语对应的角度分析，学生对颜色词的认知除红色和黑色外，其余颜色词在汉语之间的语义关系也非常密切。

五、藏族学生汉语句子理解认知特点

在人们日常语言交际的过程中，离不开句子的应用，句子是按照语言的一

套规则把词汇或短语组合起来而形成的。句子理解，就是从书面材料的序列中建构出具有层次和逻辑性的命题。在命题形成之前，需要把表层建构的内容、词形和语音完整地保留在记忆中，指导句子命题形成并保留在记忆中时，这种逐字逐句的信息才会很快消失。① 人在语言理解过程中，首先把词汇进行分类，然后将词汇并入短语中，最主要的是要考虑到句子的形式。根据句子的形式，麦克曼（MCMahon）曾用匹配图形的方法来研究句子类型与理解速度的关系，结果发现，正确肯定的句子与图形匹配最快，正确否定的句子匹配最慢，而错误肯定和错误否定居中。由此，麦克曼（MCMahon）认为，句子的形式会影响对它所表达内容的理解。那么，藏族学生在汉语句子理解中是否也具有相同的特点？基于此，本研究采用句子匹配图形的方法，在计算机上随机呈现 48 个句子，让学生判断句子是否与图形匹配，根据正确肯定、正确否定、错误肯定和错误否定 4 个维度，考查学生对汉语句子的理解水平，探索藏族学生汉语句子理解的认知特点。结果见表 2-4。

表 2-4　藏族学生汉语句子理解认知加工表

项目	人数	正确肯定	正确否定	错误肯定	错误否定
汉语认知	214	4.82 ± 1.03	4.14 ± 1.41	5.00 ± 1.05	3.09 ± 1.39

经过研究表明，由表 4 可知，学生对汉语句子的理解可分为错误肯定、正确肯定、正确否定、错误否定。汉语认知没有表现出相同的顺序和特点，反映出第二语言认知具有独特性。

① 张积家、梁文韬、黄庆清:《大学生颜色词联想研究》，载《语言文字应用》，2006（2）。

第四节　讨论分析

一、藏族学生汉语认知特点分析

藏族学生汉语认知的特点就是新旧图式整合、建构及重构。这种整合、建构及重构是通过迁移和顺应完成的。由于藏族学生受成长环境的影响，母语要先于汉语的习得，且接触的频率比汉语高，往往需要在藏语背景下去解决问题，因此，逐渐建构起藏语认知模型。在迁移阶段，学生的认知模型具有量的发展；在顺应阶段，学生的认知模型具有质的飞跃。汉语能促进学生形成更高、更深层次的认知模型，就好比是当一名学生完成的任务在一段时间内保持不变，则会形成一种处理任务的策略，突然某个时间发生环境或任务变化时，恰好与当前使用的策略发生冲突，会出现错误，其认知模型必须处在不断变化的动态过程之中，才更有利于汉语和问题解决能力的发展，而且，认知的发展随着双语能力的发展而发展；从另一个角度讲，汉语的发展又会促进认知能力向更高水平的方向发展。

二、藏族学生汉语语音认读特点分析

汉语音认读测验有两种方法，一种是汉语拼音认读和汉字语音提取，随着年级的增高而不断发展，反应的时间也越来越短。第二种，汉字的主体是形声字，其用形旁释义，声旁表音，声旁在很大程度上提供了字的语音信息。研究表明，形声字在语音提取时具有“规则效应”和“一致性效应”[①]。规则效应指的是形声字的读音有时候会受声旁读音的某些影响，例如，整字和声旁读音是一致的，这样就会加速整字的语音提取；如果不一致，会对整字的语音提取起到一定的抑制作用。不过这种效应受字频的影响还是较大，比如在低频字中就会起到促进作用。一致性效应是指形声字的读音还受同一家族内其他字读音的影响，如家族中所有形声字读音都一致，这就有利于形声字的语音提取，反之则对语音提取有一定阻碍作用。这种规则和一致性效应在藏族学生汉字认读过程中都具有一致性。藏文虽然是拼

① 陈俊、张积家：《小学低年级学生对陌生形声字的语音提取》，载《心理科学》，2005（5）。

音文字，但是和汉语一样也是单字单音的声韵母结构，音节与音节之间及音节内部都存在着强烈的协同发音现象；但藏语音发音方式为“动力定型”者，以藏语为母语者对汉语的发音掌握起来具有一定难度，尤其是对汉语普通话声调的把握。

三、藏族学生汉语词加工的工作记忆特点分析

语词记忆任务中，我们可以看出学生对所呈现的语词信息，首先进行的第一个任务就是加工编码，对语词信息做出声读念，并且把视觉信息转换成为了听觉信息，再把这些信息传送到“心理工作台”上，以便于记忆的加强。由于信息容量较大且有 12 对意义词、12 对无意义词，都具有一定难度，再加上工作记忆的空间有限，只能加工有限的信息，学生在非速示条件下，可以对语词信息进行进一步的转换加工，挖掘语词信息中更多有意义的成分，而速示条件下，不能进一步转换加工，由此，非速示条件下的记忆的效果优于速示条件下的记忆效果，汉语非速示有意义 M=3.84，速示有意义 M=3.17；而在非速示条件下，有意义成对词的效果好于对无意义成对词的记忆。这种有意义词的优势效应在汉语语言形式下均表现出显著效应，也证明了认知是语言分析或理解的基础。

四、藏族学生汉语语义联想认知特点分析

研究得出，学生对颜色词的认知，一方面，是因为不同语言形式的表达方式不同，使得某些颜色词带有时代和文化的烙印；另一方面颜色具有的不仅是表面的词义，还具有很深的文化意义，并且也延伸出了很多不同的意义。总之，颜色是客观存在的事物，它的本质没有太大差异。人类历史中创造了丰富的颜色词，学生的汉语颜色认知既和颜色有关，也和颜色词有密切关系，而且都是一类丰富多彩且自身具有多种语义特征的词群，它的语义特征体现在多义性、修辞性和文化性上，这种语义特征的关系相辅相成。

五、藏族学生汉语句子理解认知特点分析

通过对年级的分析得出，学生除错误否定句外，在其他三方面均呈现显著差异。因此，想要理解一个句子，必须先从它的字词、句法和语义分析等多方面进行加工处理，其实就是进行建构的一个过程。

第三章

青海藏族聚居区初中生自尊、友谊质量对价值观的影响

本章以青海省玉树藏族自治州玉树市第二民族中学和海南藏族自治州兴海县第一民族中学共 386 人为研究对象，对青海省藏族聚居区初中生自尊、友谊质量对价值观的影响进行研究，并采用 EpiData 15.0 进行问卷数据录入，用 SPSS 20.0 进行描述性统计检验，相关和回归分析以及运用 AMOS 22.0 进行问卷结构效度检验。得出以下结论：1. 藏族初中生的自尊和友谊质量没有性别和年级差异，除传统价值动机存在性别差异外，其他价值动机（遵从、安全、自我定向和刺激）均未出现性别差异和年级差异。2. 自尊除与自我定向价值动机相关不显著外，与其他价值动机均显著相关，自尊仅能正向预测安全价值动机，对除安全的其他价值动机（遵从、安全、自我定向和刺激）模型不显著。3. 友谊质量除冲突背叛维度外，其他维度（帮助陪伴、亲密交流、肯定价值和信任尊重）均与 5 种价值动机（传统、遵从、安全、自我定向和刺激）显著相关，友谊质量总分正向预测 5 种价值动机（传统、遵从、安全、自我定向和刺激）。

第一节 研究意义及背景

当前，我国深化改革开放，经济飞速发展，这对于正处于青春期的初中生，有积极作用也有消极作用。一方面可以促进青少年价值观的发展，但另一方面欧美国家的一些拜金主义、享乐主义、个人至上主义等消极思想也涌入中国，这些冲击对部分青少年也产生了消极影响，使之人生目的庸俗化。市场经济推动经济发展的同时，也冲击了原有的道德体制，其所衍化的某些消极因素又促使拜金主义、享乐主义、利己主义、极端个人主义在青少年中蔓延，使一部分青少年价值观产生负面裂变。

林崇德（2005）认为初中阶段是个体身心发展的关键期。[①]初中生的智力迅速发展，自我意识增强，情绪、情感趋向成熟，但与成人相比，又显得动荡不稳，意志的发展迅速。这个时期，他们开始思考人生和世界，提出许多有关“人生目的”“人生意义”“生活理想”等问题。由于这些问题的解决是充满矛盾的过程，所以他们常常会为此感到苦恼、迷茫、沮丧与不安。他们倾心于认识自己的身心发展及其社会价值，独立地评价自己和别人，并逐渐克服评价的片面性，力求全面分析；初步形成稳定的性格特征；能较好地进行自我教育。初中生的社会问题是人们关注的热点问题之一。他们基本处于 12 岁—17 岁。进入初中生阶段时，会受到来自各个方面的影响如家庭、学校、社团、大众媒体，尤其是大众媒体。在大数据时代，大部分学生过早使用互联网，在网络上每个人每个社交软件都有着各种各样的价值观，这些价值观可能会使刚有自我意识的初中生产生迷茫，甚至误入歧途。在这一时期，他们已经不像小学生那样以成人的话为“圣旨”，而开始有了自己的主张，已经不再像原先那样完全听从于或依赖于成人的教导。这一阶段是少年道德观念形成和发展的重要时期，也是世界观形成的萌芽时期。

这一时期他们的人际交往也更倾向于同伴交往，朱鹏（2006）认为友谊质

① 林崇德:《发展心理学》，342 页，杭州，浙江教育出版社，2005。

量、父母教养方式均能对初中生价值观产生部分影响，同伴关系的影响力高于父母教养方式的影响力。①由于自我意识的出现，他们想要独立，但是却不能完全独立，导致内心充满矛盾。因此，这一时期探索其自尊、友谊质量及价值观的重要影响因素，对促进初中生健康发展并预防相关心理行为问题的产生具有重要意义。

价值观是人们区分好坏、美丑、损益、正确与错误、符合或违背自己意愿等的标准并指导行为的心理倾向系统。②

朱智贤主编的《心理学大词典》将价值观定义为：推动并指引一个人采取决定和行动的、经济的、逻辑的、科学的、艺术的、道德的、美学的、宗教的原则、信念和标准，是一个人思想意识的核心。罗基奇（Rokeach，1973）将价值观定义为：价值观是一个持久的信念，一种具体的行为方式或存在的终极状态，对个人或社会而言，比与之相反的行为方式或存在的终极状态更可取。他认为，价值观是一般性的信念，它具有动机功能而且不仅是评价性的，还是规范性的和禁止性的，是行动和态度的指导，是个人的也是社会的现象。③施瓦茨（Schwartz，1987）认为价值观有五个特点：（1）信念的概念；（2）值得要的目标状态或行为；（3）超越特定情境；（4）指导行为和时间的选择或评价；（5）以相对的重要性排序。他认为，价值观不仅是跨情境的，而且还可能是跨文化的图式性结构，这一结构在特定文化背景中建构人们的经验，驱动并指导人们的行为。④

徐道稳（2003）通过对深圳市中学生价值观的调查发现：乐观、进取、自信是中学生最重视的前三个品质，谦虚、俭朴被排最后；人生最重要的东西是健康、家庭、知识；交友最重要的是以诚相待；学习目的是完善自我；成才愿望是最希

① 朱鹏：《同伴关系对初中生价值观的影响——对武汉市526名初中生的调查》，华中科技大学硕士研究生学位论文，2006。

② 黄希庭、张进辅、李红等：《当代中国青年价值观与教育》，1-30页，成都，四川教育出版社，1994。

③ Wilson, Marc Stewart.Values and Political Ideology: Rokeach's Two-Value Model in a Proportional Representation Environment, New Zealand Journal of Psychology, Nov 2004.

④ Schwartz, S.H.&Bilsky W., Toward a universal psychological structure of human values. Journal of pearsonality and Social psychology, 1987, 53: 550-562.

望成为有能力的人。[①]

价值观在人的发展过程中起着十分重要的作用，有没有正确的价值观将直接影响青少年的健康成长和其个性的形成。而自尊是个体对其社会角色进行自我评价的结果，这种结果必然会对青少年的价值观产生影响。自尊影响着个体如何成就自己的未来、如何与人交往、如何实现自己的价值。自尊在我们生存的各个领域都产生深刻的影响。

杨丽珠等人（2012）认为,友谊质量是两个个体之间友谊关系的亲密程度。[②]友谊质量作为比同伴接纳内涵更多、外延更少的概念，是对友谊质量方面的衡量，友谊在青少年的同伴关系中比同伴接纳关系范围更窄，感情色彩更浓重、更亲密，在青少年社会化进程中起着非常重要的作用。青少年在友谊中得到社会支持与安全感，促进健康人格和自我概念的形成与发展，影响青少年短期和长期的社会适应，并且青少年问题行为与友谊特性有关系。[③]有研究表明，初中生友谊质量越高，其价值观越可能符合社会的要求和需要。初中生友谊质量越低，其价值观越可能偏离社会的轨道，初中生友谊质量越高，其竞争观、集体观越正确，其公德观、诚信观越强。[④]

本研究在对以往研究进行梳理的基础上，探究自尊和友谊质量对初中生价值观的影响，选取了藏族初中学生作为研究对象，一方面针对藏族初中生价值观进行研究；另一方面探讨藏族地区初中生自尊、友谊质量对价值观的影响。

① 徐道稳:《深圳市中学生价值观调查》，载《青年研究》，2003(2)：37-42。
② 杨丽珠、徐敏、马世超:《小学生同伴接纳对其人格发展的影响：友谊质量的多层级中介效应》，载《心理科学》，2012，35（1）：93-99。
③ 万晶晶:《初中生友谊发展及其与攻击行为的关系研究》，华中师范大学，2002。
④ 朱鹏:《同伴关系对初中生价值观的影响——对武汉市 526 名初中生的调查》，华中科技大学硕士研究生学位论文，2006。

第二节 研究设计

一、研究对象

研究选取了青海省玉树藏族自治州玉树市第二民族中学和海南藏族自治州兴海县第一民族中学学生共 386 人，剔除人口学信息不完整和作答有空缺的问卷，有效问卷 368 份，有效率 95.33%。年龄范围 12 到 16 岁，平均年龄 14.47 岁（SD=1.31）[①]，其中男生 181 人，女生 187 人，具体分布见表 3-1。

表 3-1 样本具体分布

	玉树第二民族中学	兴海县第一民族中学	总计
七年级	85	46	131
八年级	64	64	128
九年级	66	43	109
总计	215	153	368

二、研究工具

（一）罗森博格自尊量表（SES）

自尊量表（self-esteem scale，SES）由罗森博格（Rosenberg）于 1965 年编制。设计中充分考虑了测定的方便，受试者直接报告这些描述是否符合自身实际情况，而非理想状态。目前我国对于自尊的测量多使用该量表，均有良好的信效度。本研究中该量表的克朗巴哈（Cronbach's ）α 值为 0.851，可以接受；通过 AMOS22.0[②] 分析表明结构效度很好。各项指标为（χ2/df[③]=1.181，

① 标准差。
② 软件名。
③ 拟合优度的卡方检验

GFI[①]=0.984，AGFI[②]=0.965，NFI[③]=0.928，IFI[④]=0.988，CFI[⑤]=0.988，RMSEA[⑥]=0.022）。

（二）友谊质量量表

友谊质量量表（friendship quality questionaire），在此次研究中，该量表的 Cronbach's α 系数为 0.846，可以接受，因子分析得出量表的 KMO 值为 0.856，通过 AMOS22.0 分析表明结构效度良好（$\chi 2/df=1.032$，GFI=0.938，AGFI=0.909，NFI=0.868，IFI=0.995，CFI=0.995，RMSEA=0.009）。

（三）施瓦茨价值观量表

研究采用的测量价值观的量表采用施瓦茨价值观量表，施瓦茨价值观量表 4 个维度为自我提高、自我超越、保守和对变化的开放性态度，在 4 个维度下又划分了 10 种动机类型。自我提高维度包括权力和成就两个价值观动机；在自我超越维度下包括了普遍性和慈善两个价值观动机，普遍性指为了所有人类和自然的福祉而理解、欣赏、忍耐、保护，慈善指维护和提高那些自己熟识的人们的福利；保守包括传统、遵从和安全三项价值动机；对变化的开放性态度维度包括自我定向、刺激和享乐主义三项价值观动机。

（四）对施瓦茨价值观量表的修改

藏族人民对家乡怀有浓厚感情，青藏高原素有“世界屋脊”之称，气候异常寒冷，地形险峻。藏族人民用勤劳和智慧与恶劣的自然环境作斗争，建设美丽的家园，创造了辉煌灿烂的文明，也形成了豁达乐观的民族性格，注重群体的社会

① 拟合优度指数。
② 调整拟合优度指数。
③ 常规拟合指数。
④ 增值拟合指数。
⑤ 比较拟合指数。
⑥ 近似误差均方根。

责任和明礼诚信的道德准则。① 由于藏族普遍对佛教的信仰十分虔诚，因此藏传佛教的思想对于藏族人民的价值观有重要影响。

本研究结合藏族文化特点，明确研究重点选择，将自我提高和自我超越维度去除，只对保守和对变化的开放性态度中的自我定向和刺激动机类型进行研究。自我提高和自我超越维度所测量的价值动机会受到藏传佛教思想很大的影响，而享乐主义价值动机与藏传佛教思想和藏族传统文化均相悖，因此只测量保守和对变化的开放性态度，在最大限度上剔除宗教对于价值观测量的干扰，也可明确研究重点，着重考察保守和对变化的开放性态度这两个维度在藏族初中生中的表现。原问卷共有题目 57 道，经删减后共选择了 15 道题目。修改后的问卷的 Cronbach's α 系数为 0.889，其中传统价值动机 α 系数 0.696；遵从价值动机 α 系数 0.6，安全价值观动机 0.727；自我定向价值观动机 0.599；刺激价值观动机 0.580。

（五）对修改后的施瓦茨价值观量表的验证性因素分析

首先对删减后的题项进行巴特利特球形检验，结果显著（P<0.001），KMO 值 0.903，表明修改后的量表适合进行因素分析。采用皮尔逊（pearson）相关法进行双侧检验，得出动机类型相关矩阵。

表 3-2　动机类型相关矩阵

	传统	遵从	安全	自我定向	刺激
传统	1				
遵从	0.621**	1			
安全	0.608**	0.614**	1		
自我定向	0.653**	0.629**	0.639**	1	
刺激	0.417**	0.637**	0.424**	0.528**	1

注：*p<0.05；**p<0.01；***p<0.001（下同）

① 李金华、叶明等:《藏族文化传统与社会主义核心价值观辨析》，载《北方民族大学学报》（哲学社会科学版），2015（5）。

由表 3–2 可知，所有动机类型之间的相关都在 0.01 水平上显著。

表 3–3　各个题的载荷值表

传统项目	因素载荷	遵从项目	因素载荷	安全项目	因素载荷	自我定向项目	因素载荷	刺激项目	因素载荷
尊重长辈	0.77	自我约束力	0.57	社会安定	0.82	想象力、创造性	0.59	充满激情和富有刺激的生活	0.43
有政治信仰或宗教信仰	0.72	有教养和有礼貌的行为举止	0.83	国家安全	0.95	思想和言论自由	0.49	不断变化和具有挑战的生活	0.68
人人平等	0.77	责任心	0.71	自己为自己选择人生目标	0.73	胆量和冒险精神	0.66	中国文化传统	0.63

由表 3–3 可知，上图是删减后选取的 15 道题的载荷值表，其中传统价值动机共有 3 道题目，遵从价值动机共有 3 道题目，安全价值动机共有 3 道题目，自我定向价值动机共有 3 道题目，刺激价值动机共有 3 道题目。通过 AMOS22.0 分析表明因素分析结果良好（$\chi2/df=1.412$，GFI=0.974，AGFI=0.940，NFI=0.963，IFI=0.989，CFI=0.989，RMSEA=0.034）。

三、研究程序

（一）施测

在征得被试的学校领导与其所在班级班主任的同意后，以班级为单位在预定的时间（一节课）内，对被试进行团体施测。施测时间均约为 40 分钟。问卷当场回收，回收率 100%。

（二）数据处理

采用 EpiData 15.0 进行问卷数据录入，采用 SPSS 20.0 进行描述性统计检验、相关和回归分析，AMOS 22.0 进行问卷结构效度检验。

第三节　研究结果

一、藏族初中生自尊的基本特点

（一）自尊的性别差异分析

表 3–4　自尊的性别差异分析

	样本数	平均值	标准差	方差
男生	181	27.55	4.463	0.302
女生	187	27.27	4.224	

由表 3–4 可知，藏族初中生男女生自尊水平差异没有达到显著水平，自尊性别差异不显著。

（二）自尊的年级差异分析

表 3–5　自尊的年级差异分析

	样本值	平均值	标准差	方差
七年级	131	27.69	4.512	0.148
八年级	128	26.80	4.204	
九年级	109	27.78	4.248	
总计	368	27.41	4.339	

由表 3–5 可知，对藏族初中生自尊水平的方差分析可看出，各年级差异不显著，其中初二学生的自尊水平略低于初一和初三学生，而初三学生的自尊水平平均分高，方差小，说明初三学生自尊整体水平较高。

二、藏族初中生友谊质量的基本特点

（一）友谊质量的性别差异分析

表 3-6　友谊质量的性别差异分析

	样本值	均值	标准差	组合差值
男生	179	13.68	1.818	0.163
女生	189	13.97	1.607	

由表 3-6 可知，男女生友谊质量分数差异不显著。女生平均分略高于男生且标准差较小，女生友谊质量水平较男生稍高，但没有达到显著水平。

（二）友谊质量的年级差异分析

1. 友谊质量的年级差异总体分析

表 3-7　友谊质量的年级差异分析

	人数	均值	标准差	F
七年级	131	13.94	1.659	0.239
八年级	128	13.62	1.696	
九年级	109	13.93	1.800	
总计	368	13.82	1.717	

由表 3-7 可知，各年级的友谊质量发展水平接近，差别不显著。但八年级平均分低于其他年级，标准差高于其他年级，说明八年级藏族初中生友谊质量水平有一些波动。

2. 友谊质量各个维度情况分析

表 3–8　友谊质量各个维度情况分析

	帮助陪伴	亲密交流	肯定价值	冲突背叛	信任尊重
七年级	2.96±0.447	2.84±0.588	2.80±0.564	2.43±0.533	2.92±0.498
八年级	2.85±0.483	2.83±0.651	2.69±0.573	2.43±0.490	2.82±0.496
九年级	2.93±0.482	2.80±0.615	2.69±0.540	2.62±0.503	2.88±0.550

由表 3–8 可知，从各个维度的情况来看，各年级的差距也很微小。

三、藏族初中生价值观基本特点

（一）藏族初中生各价值动机的性别差异

通过 t 检验，得出藏族初中生各价值动机的性别差异，结果见表 3–9。

表 3–9　藏族初中生各价值动机的性别差异

	人数	传统	遵从	安全	自我定向	刺激
男	175	3.71±0.923	3.62±0.929	3.86±1.061	3.60±0.893	3.30±0.844
女	184	3.80±0.837	3.64±0.865	4.01±0.980	3.67±0.829	3.25±0.843
F 值		4.299*	0.501	0.799	0.937	0.052

由表 3–9 可知，各个价值动机除传统外均无明显性别差异。传统价值动机在 0.05 水平上差异显著，女生显著高于男生。在上表中，男生在任何价值动机上，标准差均大于女生，表明男生群体内部表现出的一致性更低，男生的价值观之间的差异更大。而除刺激价值动机外，其他价值动机男生平均分均低于女生，说明男生对这几种价值的认同低于女生。

（二）藏族初中生各价值动机的年级差异分析

通过多元方差分析，得出藏族初中生各价值动机的年级差异，结果见表

3–10。

表 3–10 藏族初中生各价值动机的年级差异分析

	人数	传统	遵从	安全	自我定向	刺激
七年级	131	3.73 ± 0.831	3.64 ± 0.853	3.99 ± 1.014	3.64 ± 0.817	3.17 ± 0.735
八年级	128	3.68 ± 0.889	3.52 ± 0.871	3.81 ± 0.957	3.55 ± 0.809	3.28 ± 0.844
九年级	109	3.86 ± 0.916	3.68 ± 0.977	3.97 ± 1.123	3.71 ± 0.961	3.37 ± 0.934
F		1.230	1.042	1.129	1.081	1.669

注：** 表示在 $p \leqslant 0.01$ 水平显著相关（下同）

由表 3–10 可知，各个价值动机在年级上均无明显差异。各个价值动机中安全价值动机平均数最高，标准差也最大。除刺激价值动机外，各个价值动机平均数均表现出初二小于初一和初三的特征。

（三）自尊与价值观的相关分析

表 3–11 自尊与价值观的相关性分析

	自尊	传统	遵从	安全	自我定向	刺激
自尊	1					
传统	0.173**	1				
遵从	0.182**	0.621**	1			
安全	0.182**	0.608**	0.614**	1		
自我定向	0.094	0.653**	0.629**	0.639**	1	
刺激	0.145**	0.417**	0.637**	0.424**	0.528**	1

由表 3–11 可知，五个价值动机中仅有自我定向与自尊不相关，其余价值动机均与自尊在 0.01 水平上相关显著，且各个价值动机在 0.01 水平上两两相关。

（四）友谊质量与价值观的相关分析

通过相关分析，得出藏族初中生各价值动机的年级差异，结果见表 3–12。

表 3–12　友谊质量各个维度与各个价值动机的相关

	传统	遵从	安全	自我定向	刺激	帮助陪伴	亲密交流	肯定价值	冲突背叛	信任尊重
传统	1									
遵从	0.621**	1								
安全	0.608**	0.614**	1							
自我定向	0.653**	0.629**	0.639**	1						
刺激	0.417**	0.637**	0.424**	0.528**	1					
帮助陪伴	0.493**	0.452**	0.420**	0.415**	0.347**	1				
亲密交流	0.336**	0.338**	0.272**	0.303**	0.258**	0.612**	1			
肯定价值	0.367**	0.368**	0.301**	0.369**	0.308**	0.591**	0.418**	1		
冲突背叛	0.075	0.059	0.055	0.017	-0.068	-0.131*	-0.211	-0.237	1	
信任尊重	0.428**	0.383**	0.378**	0.398**	0.306**	0.749**	0.603**	0.511**	-0.131**	1

由表 3–12 可知，传统、遵从、安全、自我定向和刺激价值动机与帮助陪伴、亲密交流、肯定价值、信任尊重相关均显著（$p<0.01$），而冲突背叛则与任何一个价值动机均无相关。在友谊质量问卷中，冲突背叛与帮助陪伴在 0.05 水平上相关，与其他维度均不相关。友谊质量问卷内部其他维度之间均在 0.01 水平上相关。

（五）自尊、友谊质量与价值观的多层回归分析

在相关分析的基础上，进一步采用回归分析考察自尊、友谊质量对中学生价值观的预测作用。为控制人口学变量的影响，采用分层回归的方法，首先将年级和性别纳入回归方程（对年级和性别进行虚拟编码，采用强迫进入法）作为控制变量，第二层将友谊质量和自尊放入回归方程（均采用强迫进入法），分析第二步自变量进入回归方程后方程解释率的变化程度。具体情况见表 3–13 和表 3–14。

表 3–13　自尊、友谊质量与价值观的多层回归分析 1

预测变量		回归系数	传统 标准误		遵从			安全		
		B	*SE*	*β*	*B*	*SE*	*β*	*B*	*SE*	*β*
第一步	性别	097	0.093	0.055	0.016	0.095	0.009	0.141	0.108	0.069
	年级	066	0.058	0.061	0.014	0.059	0.013	0.013	0.067	0.010
	ΔR^2	0.006	0.000	0.005						
	△ F	1.130	0.042	0.888						
第二步	自尊	014	0.009	0.069	0.017	010	0.085	0.024	0.011	-0.101*
	友谊质量	262	0.024	0.510***	0.245	0.025	0.468***	0.242	0.029	0.406***
	ΔR^2	0.277	0.241	.190						
	△ F	68.442***	56.073***	41.644***						

注：*** 表示在 $p \leqslant 0.001$ 水平显著相关（下同）

表 3–14　自尊、友谊质量与价值观的多层回归分析 2

预测变量		自我定向			刺激		
		B	*SE*	*β*	*B*	*SE*	*β*
第一步	性别	0.079	0.091	0.046	–.038	0.089	–0.023
	年级	0.032	0.056	0.030	0.101	0.055	0.097
	ΔR^2	0.003	0.010				
	△ F	0.504	1.829				
第二步	自尊	0.000	0.009	–.001	0.014	0.010	0.074
	友谊质量	0.231	0.024	0.459***	0.170	0.025	0.346***
	ΔR^2	0.209	0.134				
	△ F	47.021***	27.715***				

由表中回归分析结果可知，年龄和性别对于藏族初中生价值观的预测作用不显著，自尊对于安全价值动机有显著正向预测作用，友谊质量对于五种价值动机（传统、遵从、安全、自我定向和刺激）均有非常显著的正向预测作用。

第四节　讨论分析

一、藏族初中生自尊、友谊质量和价值观的基本特点

在对藏族初中生的自尊和友谊质量进行描述性统计之后发现，藏族初中生的自尊和友谊质量没有性别和年级差异。但在分数分布水平上，女生的自尊平均数低于男生，在对自尊的年级比较中，八年级平均数低于七年级和九年级。除传统价值动机存在性别差异外，其他价值动机均未出现性别差异和年级差异。女生传统价值动机显著高于男生，这与大众对中国女性更加传统的看法吻合。各个价值动机中安全是平均分最高的，表现出藏族初中生对自身及周围环境安全的认同。各个价值观平均分女生除“刺激”外均高于男生，且标准差更小，体现出女生价值观更趋于一致且对于所测量的价值观动机更加认同。价值观年级差异中除“刺激”外，均体现出了八年级平均分水平最低的情况，这与自尊的分布特点一致。出现这种特点的原因可能与学生自我意识的增强、生理的迅速发育成熟和学习压力的增大等因素及其交互作用有关。随着年龄的增长，儿童的认知能力也随之发展，学生对自己的认知、评价、体验和控制的能力也有所提高，自我意识水平进一步增强，同时进入二年级后，随着学习科目迅速增多，学习方式有所变化，学习的压力更大，同学之间的竞争更加激烈，家长和教师也对他们提出更高的要求和期待。[①] 在六种价值动机中“刺激”价值观平均分随着年级不断提高，表现出与其他价值动机不一样的分布特点，这可能与自我意识提高及对于变化持开放态度等有关。

二、自尊、友谊质量对价值观的影响

自尊除与自我定向价值动机相关不显著外，与其他价值动机均显著相关，但在回归分析中，自尊仅能正向预测安全价值动机，对除安全外的其他价值动机模

① 李勉媛:《初中生自尊的发展及其与师生关系、学业成绩的关系》，广西师范大学硕士研究生学位论文，2003。

型不显著，自尊对价值观预测作用不强，这与王宏坤、蒋奖和梁静等人的研究结果不同。[①②] 友谊质量除冲突背叛维度外，其他维度均与五种价值动机显著相关，而以友谊质量总分作为自变量，五种价值动机作为因变量建立的回归方程则全部显著，友谊质量总分正向预测五种价值动机（传统、遵从、安全、自我定向和刺激），这一结果与朱鹏的研究——影响初中生价值观的，更多的是同伴质量和友谊质量。同时，同伴关系对初中生价值观的影响力强于父母教养方式的影响力一致。[③]

友谊质量对价值观具有如此强的正向预测，综合青春期发展阶段特点和前人研究成果，可以说在初中阶段，同伴特别是朋友，对初中生的影响已经非常深刻，应十分重视同伴对于青少年发展的影响。初中生正处于社会化的关键时期，虽然他们的自我意识在逐渐形成、发展，但是仍会受到外界环境的影响，其中最直接因素就是其同伴（包括同学和朋友）。在总体上，学生的课余时间、娱乐、倾诉和乐趣分享的对象均将同伴放在首要位置。

三、结论

1. 藏族初中生的自尊和友谊质量没有性别和年级差异，除传统价值动机存在性别差异外，其他价值动机（遵从、安全、自我定向和刺激）均未出现性别差异和年级差异。

2. 自尊除与自我定向价值动机相关不显著外，与其他价值动机均显著相关，自尊仅能正向预测安全价值动机，对除安全外的其他价值动机（遵从、安全、自我定向和刺激）模型不显著；友谊质量除冲突背叛维度外，其他维度（帮助陪伴、亲密交流、肯定价值和信任尊重）均与五种价值动机（传统、遵从、安全、自我定向和刺激）显著相关，友谊质量总分正向预测五种价值动机（传统、遵从、安全、自我定向和刺激）。

---

① 王宏坤：《中学生主观社会支持、自尊与道德价值观的关系研究》，天津师范大学硕士研究生学位论文，2008。

② 蒋奖、梁静等：《同伴文化压力对青少年物质主义价值观的影响：自尊的调节作用》，载《中国特殊教育》，2015（1）。

③ 朱鹏：《同伴关系对初中生价值观的影响——对武汉市 526 名初中生的调查》，华中科技大学硕士研究生学位论文，2006。

第四章

化隆回族自治县青少年心理复原力、情感二维度与情绪调节的关系研究

为探析青海回族聚居区青少年心理复原力、情感二维度与情绪调节的特点及其相互关系，选取青海省海东地区南部化隆回族自治县两所中学初一至高二的471名学生，采用分层随机抽样法进行测验。结果发现：1.心理复原力在性别上差异不显著，在民族和年级上差异显著，回族的心理复原力显著高于汉族和藏族，汉族与藏族之间没有显著差异；初一学生的心理复原力显著低于高一和高二学生，初三学生的心理复原力显著低于高二学生，而初一、初二、初三学生之间没有显著差异，高一与高二学生之间也没有显著差异。2.心理复原力与积极情感呈显著正相关，与消极情感呈显著负相关。3.表达抑制在心理复原力与消极情感之间存在调节效应，说明个体具有消极情感时，使用表达抑制的策略会使心理复原力有所提高。4.认知重评在积极情感和心理复原力之间起到了部分中介的作用。

第一节　研究背景及意义

一、研究背景

2014 年 9 月，习近平总书记在中央民族工作会议暨国务院第六次全国民族团结进步表彰大会提出，“做好民族工作要坚定不移走中国特色解决民族问题的正确道路，让各族人民增强对伟大祖国的认同、对中华民族的认同、对中华文化的认同、对中国特色社会主义道路的认同”。“做好民族工作，最关键的是搞好民族团结，最管用的是争取人心。”

2016 年 8 月，习近平主席在全国卫生与健康大会上强调：把人民健康放在优先发展战略地位，不仅要将身体健康放在国家的战略地位，也要将人民群众的心理健康提上日程，努力全方位全周期保障人民健康；要加大心理健康问题基础性研究，做好心理健康知识和心理疾病科普工作，规范发展心理治疗、心理咨询等心理健康服务。

青海省是我国典型的多民族地区之一，有藏族、汉族、回族、蒙古族、土族、撒拉族等 43 个民族，且少数民族人口增长速度高于汉族。根据青海省 2015 年全国 1% 人口抽样调查主要数据公报显示：在全省常住人口中，汉族人口占 52.29%，各少数民族人口占 47.71%。而在少数民族中，藏族和回族所占的百分比最大，分别为 25.23% 和 14.78%。

由于心理素质的差异，各民族在学习、生活、工作的交往中，必然会遭受一些困难、挫折甚至不幸，那么，民族地区青少年的心理复原力如何？也就是说，在心理发展的整个过程中，他们是如何调节情绪，如何处理这些困难、挫折甚至不幸，如何恢复并调整过来，进而达到最终的心理平衡状态的呢？

青少年是研究中具有代表性的群体，因此，本研究选择具有深厚历史文化成长背景的青海省回族聚居区青少年作为样本，通过本研究对以上问题进行初步的探讨。

二、研究意义

（一）理论意义

本研究的理论意义在于，从民族的角度出发，对青海回族聚居区青少年的心理复原力开展理论与实践方面的相关研究。一方面，可以促进研究的本土化、系统化，丰富国内外心理复原力、民族聚居区青少年心理发展的相关研究内容。另一方面，对于民族心理学、心理人类学的分支学科的发展，具有重要的意义。

（二）现实意义

本研究的实践意义重于其理论意义，研究中使用的心理复原力量表（RS）中文版已在中国部分地区使用过了，但是在少数民族地区中应用较少。因此，在我国改革开放日益深化与社会的全面转型的时代背景下，从民族心理学、心理人类学的视角开展研究，探讨青海回族聚居区青少年的心理复原力状况，最终的研究结果适用于各回族地区。这无论是对加强民族心理融合、民族团结和谐、社会主义和谐社会的建设，还是对我国民族工作领域各项事业的发展，都具有重要的现实意义。

三、概念界定

（一）心理复原力

心理复原力又被叫作心理弹性或心理韧性，它是一种具有复杂性和多维性的心理现象，基于不同的研究取向与角度，所得到的概念不同。从现象学的角度来看，心理复原力（resilience）是指个体在经历对生命具有威胁的事件或严重的创伤后仍然能回复到良好适应状况的心理发展现象，其中，重大困境和积极适应是心理复原现象的核心特征。[①] 目前国内外相关的研究中，对心理复原力概念的界定主要有三种取向——结果、过程、能力（或特质）取向，其他的取向一般都是这三种的综合。

基于能力取向的研究人员主张心理复原力是人类自身存在的一种普遍的、稳

① Luthar S S. Resilience in Development: A Synthesis of Research across Five Decades. Developmental Psychopathology, Second Edition. John Wiley & Sons, Inc. 2006: 739-795.

定的、积极的心理素质或品质，甚至不少学者将这种能力归结于个体自身具备的一些稳定的人格特质，比如自我复原力、心理一致感、坚韧性、乐观、积极情绪性等。[①] 由此，这一取向的研究为测量心理复原力提供了充分的可能性。

（二）情感二维度：积极情感消极情感

沃森（Watson）等人（1988）以情感二维结构理论为基础，编制了积极情感消极情感量表（Positive Affect and Negative Affect scales），对积极情感（positive affect）和消极情感（negative affect）的简要定义是：前者反映人们感觉热心、积极活跃和警觉的程度，高度的积极情感是一种精力充沛、全神贯注、欣然投入的状态，而低度的积极情感则表现为悲哀和失神无力；消极情感是一种心情低落和陷于不愉快激活境况的基本主观体验，包括各种令人生厌的情绪状态，诸如愤怒、耻辱、憎恶、负疚、恐惧和紧张等，低度消极情感是一种平和与宁静的状态。[②]

（三）情绪调节

情绪调节是指“个体根据自身的情绪目标，当自己体会到自身情绪发生变化时，通过一些自身有意和主动的加工程序来试图增强、减弱或保持个体之前体验到的积极或消极情绪”。[③] 戴维森（Davidson ）在其研究分析中得出个体的情绪调节和其本身的高特质性复原力从消极情绪中快速地恢复情绪有关。

---

① Tugade M M, Fredrickson B L, Barrett L F. Psychological resilience and positive emotional granularity: examining the benefits of positive emotions on coping and health. Journal of pearsonality, 2004, 72(6): 1161-90.

② Watson D, Clark L A, Tellegen A. Development and validation of brief measures of positive and negative affect: the PANAS scales. Journal of pearsonality & Social Psychology, 1988, 54(6): 1063-70.

③ Goss J J, Thompson R A. Emotion regulation: Conceptual foundations. Handbook of Emotion Regulation, 2007, 3, 24.

第二节　研究设计

一、研究目的

通过研究，了解青海回族聚居区青少年的心理复原力状况，找到心理复原力、情感二维度与情绪调节三者之间的关系，进而分析回族地区青少年心理复原力现象的原因。促进研究的本土化、系统化，丰富国内外心理复原力、民族地区青少年心理发展的相关研究内容。

二、研究假设

1. 心理复原力与积极情感呈正相关，且达到显著性水平。
2. 心理复原力与消极情感呈负相关，且达到显著性水平。
3. 在心理复原力与积极情感之间，认知重评起到调节或中介作用。
4. 在心理复原力与消极情感之间，表达抑制起到调节或中介作用。

三、研究对象

选取青海省海东地区南部化隆回族自治县两所中学的学生作为研究对象。研究采用分层随机抽样法，选取化隆三中、群科新区高级中学两所中学初一至高二的 471 名学生进行测验。调查问卷收回后，剔除 10 份无效数据，得到 461 份有效数据，有效率为 97.88%。研究对象其他的具体状况见图 4-1 图 4-4。

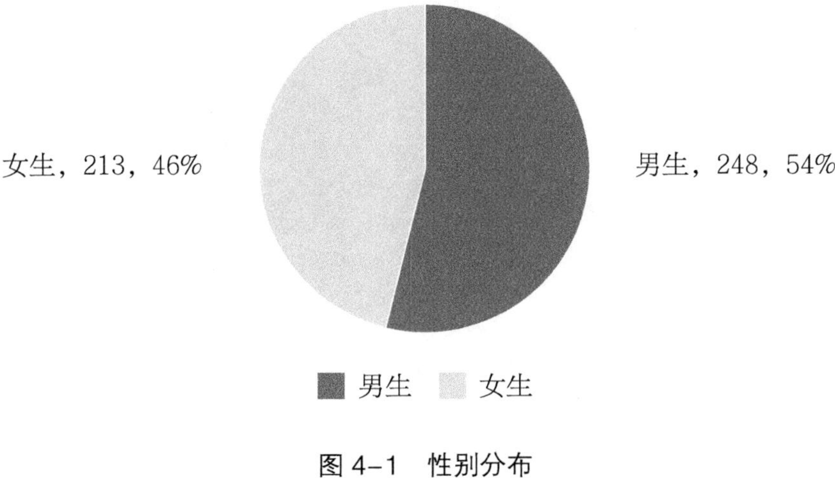

图 4-1　性别分布

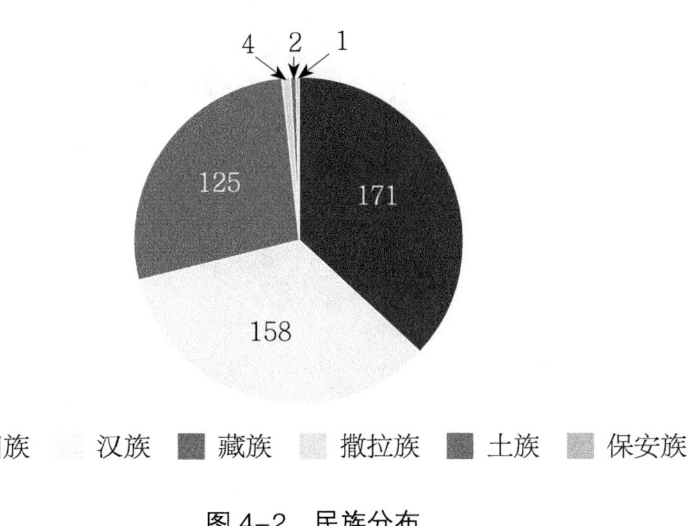

图 4-2　民族分布

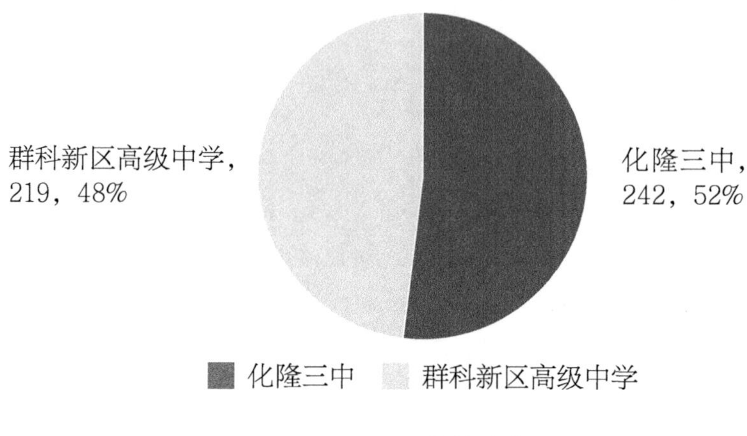

图 4-3 学校分布

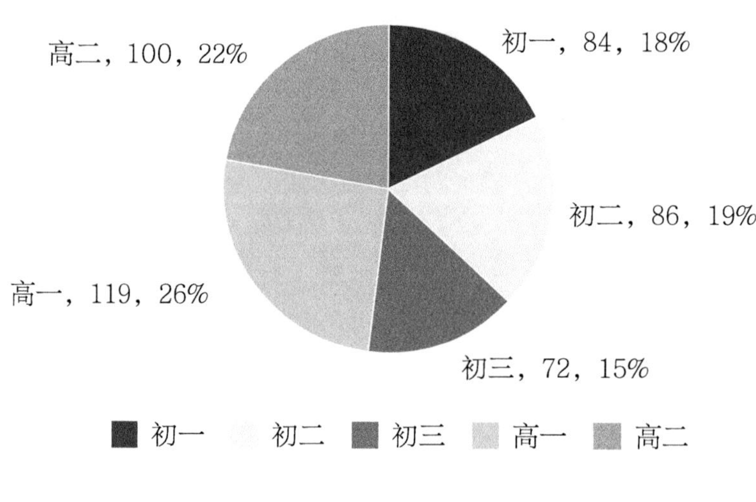

图 4-4 年级分布

四、研究工具

（一）心理复原力量表（Resilience Scale）中文版

由 Wagnlid（瓦格纳德）和 Young（杨）编制。该量表包括 25 个项目，采用 7 点评分方式进行评定，总分越高，表示个体心理复原力越高。Wagnlid 在 2009 年的研究报告指出，心理复原力量表（RS）适用于不同文化背景的、各种年龄阶段的群体，具有良好的信效度，是能够测量心理复原力的良好的工具。① 在本研究中，使用了中文版的心理复原力量表，其内部一致性系数为 0.862，分半系数为 0.813。

（二）积极情感消极情感量表（PANAS）

此量表也被称为正性负性情绪量表，原量表由 Watson 等人（1988）根据情感二维结构理论编制，包含 20 个项目，描述积极情感和消极情感的词语各 10 个。研究结果显示，该量表具有较好的信度和效度，且适用于我国人群的测量。② 在本研究中，其内部一致性系数为 0.636，积极情感量表、消极情感量表的内部一致性系数分别为 0.784、0.661。

（三）情绪调节量表（ERS）

本研究使用的情绪调节量表（Emotion Regulation Scale）是由王力通过情绪调节过程的模型编制而得的，研究显示该量表具有良好的心理测量学品质。③ 总计有 14 个项目，采用 7 级计分的方式。该问卷的内部一致性系数为 0.825，表达抑制与认知重评的内部一致性系数分别为 0.757、0.792。

五、统计处理方法

使用 SPSS22.0 对数据进行信度检验、独立样本 T 检验、单因素方差分析、

① Wagnild G. A review of the Resilience Scale. Journal of Nursing Measurement, 2009, 17(2): 105-13.

② 黄丽、杨廷忠、季忠民：《正性负性情绪量表的中国人群适用性研究》，载《中国心理卫生杂志》，2003，17（1）：54−56。

③ 王力：《成人情绪调节对个体主观幸福感的意义》，北京，北京师范大学博士学位论文，2006。

相关分析与回归分析。

第三节　研究结果

一、心理复原力的性别、民族、年级差异

（一）心理复原力的性别差异

表 4-1　青少年心理复原力的性别差异（n=461）

	男生（n=248）	女生（n=213）	t	p
心理复原力	113.03±16.66	111.83±17.41	0.755	0.450

从表 4-1 的结果可以看出，男女生在心理复原力上的差异不显著。

（二）心理复原力的民族差异

表 4-2　青少年心理复原力的民族差异（n=454）

	回族（n=171）	汉族（n=158）	藏族（n=125）	F	p
心理复原力	115.83±15.99	111.00±17.27	110.28±17.43	5.052	0.007

由于撒拉族、土族、保安族三个民族的样本人数太少，所以在对心理复原力的民族差异进行检验时，不对这三个民族的数据进行分析。

从表 4-2 的结果可以看出，总体上三个民族的心理复原力都不高，但各民族之间又存在着显著差异（$p<0.05$）。方差同质性检验的结果显示 $p>0.05$，表示方差齐性，LSD 事后检验的结果表明：回族的心理复原力显著高于汉族和藏族的心理复原力，而汉族与藏族之间没有显著差异。

（三）心理复原力的年级差异

表 4-3 青少年心理复原力的年级差异（n=461）

	初一（n=84）	初二（n=86）	初三（n=72）	高一（n=119）	高二（n=100）	*F*	*p*
心理复原力	107.53±14.04	111.38±17.97	109.74±19.11	113.95±15.95	117.79±16.64	5.185	0.000

从表 4-3 的结果可以看出，各年级之间的心理复原力存在着显著差异（$p<0.05$）。

方差同质性检验的结果显示 $p<0.05$，表示方差不齐性，（Tamhane）事后检验的结果表明：初一学生的心理复原力显著低于高一和高二学生的心理复原力，初三学生的心理复原力显著低于高二学生的心理复原力，而初一、初二、初三之间没有显著差异，高一与高二之间也没有显著差异。

二、心理复原力、情感二维度与情绪调节的关系

（一）心理复原力与情感二维度、情绪调节的相关

表 4-4 心理复原力与情感二维度、情绪调节二维度的相关

	心理复原力	积极情感	消极情感	认知重评	表达抑制
心理复原力	1				
积极情感	0.346**	1			
消极情感	−0.197**	−0.143**	1		
认知重评	0.508**	0.194**	−0.053	1	
表达抑制	0.332**	−0.016	0.029	0.442**	1

注：** 表示在置信度（双侧）为 0.01 时，相关性是显著的。

由表 4-4 可知：心理复原力与积极情感呈显著正相关，与消极情感呈显著负相关，这一结果验证了假设一与假设二；心理复原力与情绪调节的两个维度（表

达抑制与认知重评）呈显著正相关；积极情感与消极情感呈显著负相关；积极情感与认知重评呈显著正相关；表达抑制与认知重评呈显著正相关。

（二）心理复原力与积极情感的关系：认知重评和表达抑制的调节效应

表 4-5　心理复原力对积极情感、认知重评、积极情感与认知重评的回归

	非标准化系数		标准系数	t	p
	B	标准误	Beta		
（常量）	−0.007	0.039		−0.192	0.848
Z 积极情感	0.255	0.039	0.255	6.505	0.000
Z 认知重评	0.462	0.039	0.462	11.747	0.000
Z 积极情感 *Z 认知重评	0.039	0.034	0.044	1.151	0.250

表 4-6　心理复原力对积极情感、表达抑制、积极情感与表达抑制的回归

	非标准化系数		标准系数	t	p
	B	标准误	*Beta*		
（常量）	−0.001	0.041		−0.020	0.984
Z 积极情感	0.353	0.041	0.353	8.643	0.000
Z 表达抑制	0.337	0.041	0.337	8.236	0.000
Z 积极情感 *Z 表达抑制	0.053	0.039	−0.055	−1.353	0.177

由表 4-5 和表 4-6 可知，心理复原力对积极情感与认知重评的回归显著性为 0.250，心理复原力对积极情感与表达抑制的回归显著性为 0.177，均大于 0.05，说明认知重评和表达抑制在心理复原力与积极情感之间并不存在调节效应。

（三）心理复原力与消极情感的关系：认知重评和表达抑制的调节效应

表 4-7　心理复原力对消极情感、认知重评、消极情感与认知重评的回归

	非标准化系数		标准系数	t	p
	B	标准误	Beta		
（常量）	0.002	0.039		0.063	0.950
Z 消极情感	−0.168	0.040	0.168	−4.248	0.000
Z 认知重评	0.504	0.040	0.504	12.719	0.000
Z 消极情感*Z 认知重评	0.047	0.033	0.056	1.409	0.159

表 4-8　心理复原力对消极情感、表达抑制、消极情感与表达抑制的回归

	非标准化系数		标准系数	t	p
	B	标准误	Beta		
（常量）	−0.002	0.043		−0.055	0.956
Z 消极情感	−0.212	0.043	−0.212	−4.931	0.000
Z 表达抑制	0.341	0.043	0.341	7.943	0.000
Z 消极情感*Z 表达抑制	0.081	0.038	0.092	2.150	0.032

由表 4-7 和表 4-8 可知，心理复原力对消极情感与认知重评的回归显著性为 0.159（$p>0.05$），而心理复原力对消极情感与表达抑制的回归显著性为 0.032（$p<0.05$），说明认知重评在心理复原力与消极情感之间并不存在调节效应，而表达抑制在心理复原力与消极情感之间存在调节效应，这一结果验证了假设四。

（四）心理复原力（Y）与积极情感（X1）的关系：认知重评（M1）和表达抑制（M2）的中介效应

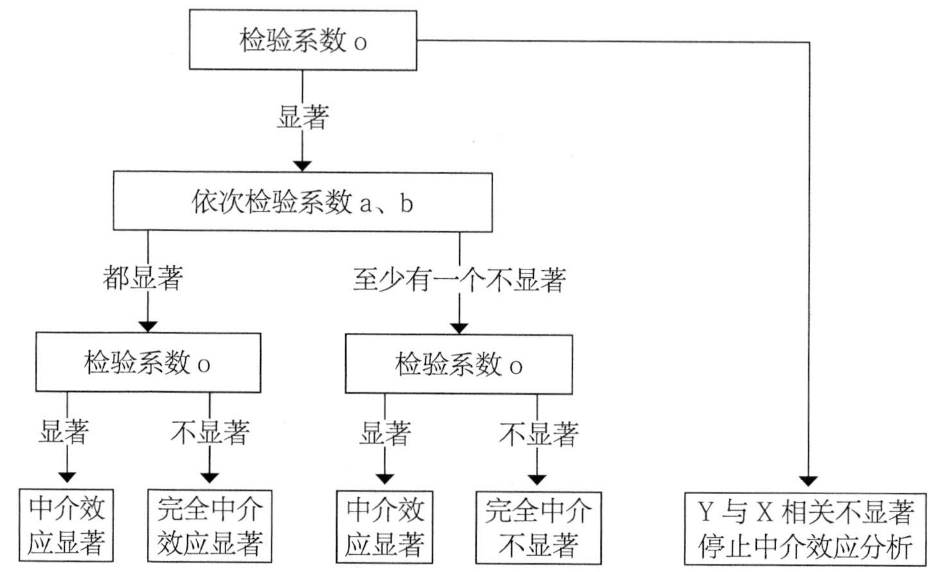

图 4–5　中介效应检验程序[①]

表 4–9　认知重评的中介效应依次检验一

	标准化回归方程	回归系数检验
第一步	Y=0.346X1	SE=0.141，t=7.912**
第二步	M_1=0.194X1	SE=0.053，t=4.228**
第三步	Y=0.458M1	SE=0.109，t=11.687**
	+0.258X1	SE=0.126，t=6.572**

注：SE 表示标准误。** 表示在 0.01 水平上显著。

① 中介效应的检验程序是温忠麟等人提出的。见温忠麟、张雷、侯杰泰等：《中介效应检验程序及其应用》，载《心理学报》，2004，36（5）：614–620。

根据图 4-5 中介效应的检验程序可知，在积极情感和心理复原力之间，认知重评的中介效应显著，这一结果验证了假设三。对照表 4-9 可知心理复原力对积极情感的回归效应显著（$p<0.01$），c 值为 0.346；认知重评对积极情感的回归效应显著（$p<0.01$），a 值为 0.194；心理复原力对认知重评的回归效应显著（$p<0.01$），b 值为 0.458。

通过计算，中介效应占总效应的比例为：ab/c=（0.194*0.458）/ 0.346=25.68%，因此，认知重评在积极情感和心理复原力之间起到了部分中介的作用。

表 4-10　表达抑制的中介效应依次检验一

	标准化回归方程	回归系数检验
第一步	Y=0.346X1	SE=0.141，t=7.912**
第二步	M_2=−0.016X1	SE=0.058，t=−0.339
第三步	Y=0.337M2	SE=0.106，t=8.250**
	+0.352X1	SE=0.131，t=8.600**

注：SE 表示标准误。** 表示在 0.01 水平上显著。

根据图 4-5 中介效应的检验程序，对照表 4-10 可知，表达抑制对积极情感的回归效应不显著，a 值为 −0.016；心理复原力对表达抑制的回归效应显著（$p<0.01$），b 值为 0.337。因此，需要做 Sobel 检验，进一步确定在积极情感和心理复原力之间，表达抑制的中介效应是否显著。

Sobel 检验统计量 $Z=ab/\sqrt{a^2SE_b^{\ 2}+b^2SE_b^{\ 2}}$，在 α=0.05 下，Z 值 >|1.96| 即为显著。这里的 SEa=0.058，SEb=0.106，通过计算，Z=−0.275，所以在积极情感和心理复原力之间，表达抑制的中介效应不显著。

（五）心理复原力（Y）与消极情感（X2）的关系：认知重评（M1）和表达抑制（M2）的中介效应

表 4–11　认知重评的中介效应依次检验二

	标准化回归方程	回归系数检验
第一步	Y=−0.197X2	SE=0.189，t=−4.299**
第二步	M_1=−0.053X2	SE=0.069，t=−1.141
第三步	Y=0.499M1	SE=0.110，t=12.633**
	−0.170X2	SE=0.163，t=−4.308**

注：SE 表示标准误。** 表示在 0.01 水平上显著。

根据图 4–5 中介效应的检验程序，对照表 4–11 可知心理复原力对消极情感的回归效应显著（p<0.01），c 值为 −0.197；认知重评对消极情感的回归效应不显著，a 值为 −0.053；心理复原力对认知重评的回归效应显著（p<0.01），b 值为 0.499。因此，需要做 Sobel 检验，进一步确定在消极情感和心理复原力之间，认知重评的中介效应是否显著。

这里的 SEa=0.069，SEb=0.110，通过计算，Z=−0.757，所以在消极情感和心理复原力之间，认知重评的中介效应不显著。

表 4–12　表达抑制的中介效应依次检验二

	标准化回归方程	回归系数检验
第一步	Y=−0.197X2	SE=0.189，t=−4.299**
第二步	M_2=0.029X2	SE=0.074，t=0.622
第三步	Y=0.338M2	SE=0.112，t=7.853**
	−0.207X2	SE=0.178，t=−4.801**

注：SE 表示标准误。** 表示在 0.01 水平上显著。

根据图 4–5 中介效应的检验程序，对照表 4–12 可知表达抑制对消极情感的回归效应不显著，a 值为 0.029；心理复原力对表达抑制的回归效应显著（$p<0.01$），b 值为 0.338。因此，需要做 Sobel 检验，进一步确定在消极情感和心理复原力之间，表达抑制的中介效应是否显著。

这里的 SEa=0.074，SEb=0.112，通过计算，Z=0.389，所以在积极情感和心理复原力之间，表达抑制的中介效应不显著。

第四节　讨论分析

一、心理复原力与情感二维度、情绪调节的相关

心理复原力与积极情感呈显著正相关，与消极情感呈显著负相关，这一结果验证了假设一与假设二。有研究表明，积极情感的个体，由于自身的喜悦度较高，心理承受力也会较好，所以他们的心理复原力较高。[①]

心理复原力指的是个体在经历对生命具有威胁的事件或严重的创伤后仍然能回复到良好适应状况的心理发展现象。首先，个体的消极情感得分较高，不利于其尽快回复到原有的状态；另外，如果个体遭遇不顺，不能进行很好的调整，不能回复到原来良好的适应状况时，必然也会产生消极情感。

二、心理复原力的性别差异

男生与女生在心理复原力上的差异不显著，这一结果与孟召敏（2013）[②]、张苏（2010）[③]的研究结果一致。

一般情况下，对于父母而言，他们更希望培养男孩子坚强、勇敢、独立等优秀品质，同时培养他们用这些品质调节自己情绪情感，使其不受困难、挫折等负

① 王振宏、王永、王克静等:《积极情绪对大学生心理健康的促进作用》，载《中国心理卫生杂志》，2010，24（9）：716–717。

② 孟召敏:《青少年心理弹性及其与父母教养方式、归因风格的关系》，山东师范大学硕士研究生学位论文，2013。

③ 张苏:《中学生心理弹性及其与应对方式的关系研究》，四川师范大学硕士研究生学位论文，2010。

性事件的影响。而女生在遇到痛苦、伤心的事情时，她们能够比男生知觉和获得更多的社会支持，倾向于向他人倾诉或寻求外界帮助，从而帮助自己应对危机。

所以，综合来看，青少年的心理复原力并不存在显著的性别差异，男女生在学习、生活中遇到负性事件时，都能够采取自己特有的调节方式，最终回到良好的适应状况中。

三、心理复原力的民族差异

本研究回族的心理复原力显著高于汉族和藏族的心理复原力，汉族与藏族之间没有显著差异。而罗永安（2015）的研究结果也显示，少数民族初中生的心理弹性水平高于汉族初中生。[①]

心理学家们普遍认为，在不同文化环境里成长起来的人，存在思维过程及心理倾向上的差异。回族、汉族、藏族青少年的文化成长背景存在很大不用，也就导致了他们在面对困境时所采取的心理应对措施、情绪调节方式等有所不同。

有研究表明，自我的积极情感、个体的文化结构和种族观念将促进个体复原力和积极行为的发展。[②]回族尤为重视家庭教育，在回族的家庭教育中流行两句名言:“葫芦是吊大的，孩子是哭大的”，“给孩子给个好心，不要给好脸”[③]，这些都说明回族的家庭教育是严格的。他们也特别重视培养子女具有强健的体魄和坚强的意志。

宗教信仰、文化、家庭中父母的教养方式等因素都促使回族青少年在成长的过程中形成了较强的自我调整能力和坚强的意志品质，对于生活中的困境等有自己独特的应对方式，因而其心理复原力水平较高。

四、心理复原力的年级差异

初一的心理复原力显著低于高一和高二的心理复原力，初三的心理复原力显

---

① 罗永安:《初中生应对方式对心理弹性的影响及其团体干预研究》，云南师范大学，2015。

② Belgrave F Z, Chase-Vaughn G, Gray F, et al. The Effectiveness of a Cultureand Gender-Specific Intervention for Increasing Resiliency among African American Preadolescent Females[J]. Journal of Black Psychology, 2000, 26(2): 133-147.

③ 蒋佩:《回汉初中生父母教养方式、应对方式与生活满意度的比较研究》，广州大学，2008。

著低于高二的心理复原力，而初一、初二、初三之间没有显著差异，高一与高二之间也没有显著差异。

初一的中学生刚好经历了由小学升入中学的阶段，在这个过程中，他们有了一定的升学压力，学习任务较小学增加了。同时，他们也正好处于青春期的最开始阶段，身体形态发生显著变化，身体机能逐步健全，但知识经验、心理品质方面依然保留着小学生的特点，表现出成熟性与幼稚性的统一。此时，他们的心理发展任务较多，但却又缺乏相关的经验，在面对学校里的新朋友和新环境或者学习困难等情况时，没有调整策略，因此其心理复原力较低。

初三的学生面临着极大的升学压力，为了考上一所好大学，就必须要考上一所好高中。学习压力大容易导致他们多采取逃避等消极的心理应对，对困境产生消极态度，使其不容易恢复到良好的适应状况中，其心理复原力较低。

从宏观的角度看，初中三年，学生们都处在由小学过渡到高中的阶段，他们都不停地学习社会科学知识，不断地增长生活经验，来应对生活、学习中的困难与不顺利，因此，心理复原力在三个年级之间不存在显著的差异。

高一、高二的学生，已经适应了中学的生活，喜欢结交新朋友，对高中生活以及自己的未来充满着热情与期待，并且此时他们已经获得了一定的应对困境的措施，比如通过自己应用学到的知识向同学、老师、家人寻求帮助等方式解决。他们有信心面对困境，积极向上，能较快恢复到原有的状态，心理复原力较高。

五、心理复原力与消极情感：表达抑制的调节效应

从表 4-8 的回归结果可以知道，表达抑制在心理复原力与消极情感之间存在调节效应，这一结果验证了假设四，并且心理复原力对表达抑制的回归效应显著（$p<0.01$），标准系数贝塔为 0.341，说明个体具有消极情感时，使用表达抑制的策略会使心理复原力有所提高。

有研究提到，表达抑制会抑制个体对客观事件的深入理解，让其思维停留在事件的表面，仅仅处于初步理解的阶段，阻止其生成不利于个体的思维意识，让心理复原力不受到负面的认知影响。[①] 但同时，个体自身采用表达抑制的策略，

① 王振宏、吕薇、杜娟等：《大学生积极情绪与心理健康的关系：个人资源的中介效应》，载《中国心理卫生杂志》，2011，25（7）：521-527。

导致其产生不合理的认知，进而产生消极情感。

六、心理复原力与积极情感：认知重评的中介效应

在积极情感和心理复原力之间，认知重评的中介效应显著，这一结果验证了假设三，中介效应占总效应的比例为：ab/c=（0.194*0.458）/0.346=25.68%，认知重评在积极情感和心理复原力之间起到了部分中介的作用。

个体的积极情感得分越高，心理复原力得分也越高，这与高特质性复原力的个体比低特质性复原力个体更常运用认知重评等情绪调节的策略来调整自己有关。认知重评也可以叫作重新评价，是指对待客观事件，个体采用改变自己看待问题的角度、重新理解情境的方式来调整自己的情绪情感。

认知心理学认为，认知是情绪和行为反映的中介，引起人们情绪和行为问题的原因，不是事件本身，而是人们对事件的解释。

积极情感得分越高，那么个体就会较多地使用认知重评来调节情绪，这可能与认知重评可以改变个体的认知结构有关，将原先对事物的负面认识重新评估，得到对事物崭新的、较为积极的认知，导致情感趋于积极性的一面。盛瑞琪（2013）的研究结果表明，心理复原力高的个体在面对危机时，会唤起个体对正面信息的认知，导致个体主动注意到自己的积极情感。①

① 盛瑞琪、孙起翔：《积极心理学视角下复原力与应对方式的关系研究》，载《黄冈师范学院学报》，2013，33（1）：172–174。

第五章

青海互助土族自治县儿童青少年自尊和家庭教养方式的关系研究

为探索青海互助土族自治县儿童青少年自尊和家庭教养方式的关系，选取青海省互助土族自治县的台子乡中心学校和职业技术学校两所中学初一至高三共448名学生进行测试，结果发现：1.互助地区儿童青少年的整体自尊得分为28.21±3.86。在初三和高三两个年级上的自尊得分略低于其他年级。土族学生自尊得分略低于汉族和藏族学生。2.互助地区儿童青少年的自尊得分在不同性别和不同学校上无显著差异。3.互助地区儿童青少年家庭教养方式各因子均分与全国常模相比均有显著差异。相比于全国常模，互助土族地区父母对子女的情感温暖、理解和偏爱更少；惩罚、严厉，过分干涉、过分保护和拒绝、否认更多。4.互助地区儿童青少年家庭教养方式的部分因子在性别上有显著差异。5.互助地区儿童青少年家庭教养方式的部分因子在学校上有显著差异。

第一节　研究背景及意义

一、研究背景

青海省作为青藏高原上的重要省份之一，有着雄伟壮阔的昆仑山、祁连山；浩瀚无垠的柴达木盆地；美丽清澈的青海湖。同时，也有着包括藏族、回族、蒙古族、土族、撒拉族在内的 43 个少数民族。在这其中，土族作为青海所独有的少数民族，由于经济、自然环境、语言文字、风俗习惯和宗教信仰等方面的差异，形成了特有的民族心理特点。

当今社会飞速发展，民族融合与发展和儿童青少年的心理健康有着密不可分的联系。儿童青少年的自尊、家庭教养方式在儿童成长的过程中，对其心理健康的发展、儿童社会化的进程等方面都起着不可忽视的巨大作用。

近二三十年来，尤其在 21 世纪的中国，素质教育思想已全面贯彻并进行了大力提倡。21 世纪的教育，应当是以人为本的教育，是主体性、发展性教育，即促进人的素质现代化，以人的现代化促进社会现代化的教育，这一理念已成为社会各界的共识。关注儿童青少年自尊、家庭教养方式等相关方面的研究，尤其是重点探讨二者之间的相互影响和相关作用，将有助于提高教育工作者在教育实践活动中的目的性、针对性，对指导儿童青少年正确认识自我，积极应对生活压力，提高心理健康水平，促进健康成长也有着重要的现实意义。

目前在国内，关于儿童青少年自尊和家庭教养方式的研究做了很多，但二者之间的相关研究还有待进一步探索。在青海地区，教育工作者一直致力于少数民族儿童青少年心理健康的调查研究，但是更多的聚集于藏族回族等人口较多的少数民族，而对本地特有的土族地区却略有忽视，对于土族地区儿童青少年自尊和家庭教养方式的研究，更是少之又少。本研究试图以这二者为切入点，由浅至深研究土族地区青少年的心理健康发展，为提高土族地区青少年心理健康水平奠定理论和实践基础。

二、自尊的相关内容

（一）自尊的概念界定

自尊（self-esteem），也叫作自我尊重。关于自尊的问题，涉及了社会、学校、家庭、个人的各个方面，关于自尊的内容也涉及了不同的学科领域，因此不同领域的专家对于自尊也有着各不相同的看法。

为了更好地界定自尊的概念，需要先研究其英文“self-esteem”的含义。词干“esteem”源自于拉丁语中的“aestimare”，意为“估计或评价”，因此self-esteem指的就是自我评价。关于自尊概念最早的定义是西方心理学家威廉·詹姆斯（William. James）在其心理学著作《心理学原理》（1890）中提出的。他认为自尊（self-esteem）= 成功（success）/ 抱负水平（pretension）。即个人对于自我价值的感受取决于其实际成就与潜在能力的比值。莫里斯·罗森伯格（Morris Rosenberg，1965）从社会学视角对自尊做了大量研究，他认为自尊反映了知觉到的个体的现实自我状态和理想或期望的自我状态之间的差异。斯坦利·古柏史密斯（Stanley Coopersmith，1967）在其发表的《自尊的起源》一书中提出，自尊是个人对自己所作的各方面的评价和通常所持有的一种对自己的看法。它表达的是一种对自己肯定或否定的态度，表明了一个人在多大程度上相信自己是有价值的、有能力的、成功的和重要的。内森尼尔·布兰登（Nathaniel Branden，1969）的《自尊心理学》提出自尊是人们在应对生活中的基本事件挑战时的自信体验和坚信自己拥有幸福生活权利的意志，它由自我效能感和自我价值感两部分组成。

在国内关于自尊的研究中，比较有代表性的有以下几个观点：[①] 朱智贤在其主编的《心理学大辞典》（1989）中将自尊定义为“社会评价和个人的自尊需要的关系的反映”。[②] 顾明远在《教育大辞典（第5卷）》（1990）中提出“自尊是指个体以自我意象和自身的社会价值为基础，对个人值得尊重的程度或其重要性所作出的评价”。[③] 林崇德在其主编的《发展心理学》（2002）中认为自尊是“社

① 朱智贤：《心理学大词典》（第五卷），北京，北京师范大学出版社，1989。
② 顾明远：《教育大词典》（第五卷）（上），上海，上海教育出版社，1990。
③ 林崇德：《发展心理学》，杭州，浙江教育出版社，2002。

会评价与个人的自尊需要之间相互关系的反映”。[①] 而张静（2002）在综述了大量自尊研究的基础上，支持自尊是个体在社会实践过程中所获得的对自我的积极情感体验的观点，认为自尊是主客体相互作用的产物，由自我效能（自我胜任）和自我悦纳（自爱）两部分构成。

自尊的概念界定各有侧重，也都有其理论和实践研究意义。在本研究中认为，青少年自尊是个体基于社会、学校、家庭、个人基础上对其自身价值的重要性做出的积极的评价。

对于家庭教养方式，不同学者对其定义也不尽相同。心理学家 Nancy Darling[②] 认为家庭教养方式是父母的教养态度、行为和非言语表达的集合，反映了亲子互动的性质，具有跨情境的稳定性。在国内，顾明远等人认为家庭教养方式分为广义和狭义两种：广义的家庭教养是指家庭成员之间相互实施的一种教育；狭义的家庭教养就是指由父母对其子女及其他年幼者实施的教育。[③] 张文新认为，家庭教养方式是指父母对子女抚养教育过程中所表现出来的一种相对稳定的行为方式。吴新华则提出家庭教养方式其本质是指父母亲在教养子女时所表现的行为，以及隐藏在这些行为背后的父母亲人格特质及其对子女的教养态度。本研究综合以往研究，采用顾明远所提出的狭义的家庭教养方式的定义。

（二）自尊的结构

1. 自尊的单维结构模型

自尊的一维结构模型由詹姆斯提出。他认为自尊就是指个体的成就感，自尊的水平完全取决于个体在实现其所设定的目标的过程中的成功或失败的感受。即自尊 = 成功 / 抱负水平。[④] 从公式中可以看出，对个体自尊有重要影响的不是个体所获得的实际结果，而是个体对所获结果的认知过程，即个体对所获结果重要性的主观评价。

① 张静：《自尊问题研究综述》，载《南京航空航天大学学报》（社会科学版），2002，161。
② Nancy Darling & Laurence Steinberg, Parenting Style as Context: An Integrative.
③ 张文新：《城乡青少年父母教育方式的比较研究》，载《心理发展和教育》，1997（2）。
④ James, W.The principles of psychology. Cambridge, MA：Harvard University Press. (Originalwork Published, 1890), 1983: 296.

2. 自尊的二因素结构模型

波普和麦克黑尔认为，自尊是由知觉的自我和理想的自我两个维度构成的。知觉的自我就是指自我概念，是个体对自己所具备或者不具备的各种技能、品质和特征的客观认识。而理想的自我就是目标，是个体希望自己成为什么人的一种真诚的愿望。当知觉的自我和理想的自我相一致时，自尊就是积极的；反之，自尊就是消极的。

3. 自尊的三因素结构模型

自尊的三维结构模型由斯特芬哈根（Steffenhagen）和伯恩斯（Burns）提出。它包括三个相互联系的亚模型，即物质/情境模型、超然/建构模型、自我力量意识/整合模型。其中，物质/情境模型中自尊包括自我意象、自我概念和社会概念三个成分，每个成分又都包括地位、勇气和可塑性三个元素。超然/建构模型中自尊包括身体、心理和精神三个成分，每个成分又都包括成功、鼓励和支持三个元素。自我力量意识/整合模型中自尊包括目标取向、活动程度和社会兴趣三个成分，每个成分又都包括知觉、创造和适应三个元素。

4. 自尊的四因素结构模型

库珀史密斯（Coopersmith）提出了自尊的四维结构模型。他认为自尊结构包含以下四个因素：重要性，即个体是否感到自己受到生活中重要人物的喜爱和赞赏；能力，即个体是否具有完成他人认为很重要的任务的能力；品德，即个体达到伦理标准和道德标准的程度；权力，即个体影响自己与他人生活的程度。①

5. 自尊的六因素结构模型

魏运华综合专家调查和儿童调查的结果提出，自尊结构由外表、能力、体育运动、成就感、纪律和公德与助人六个维度组成。②

6. 自尊的八因素结构模型

姆博亚（Mboya）提出，自尊的结构由家庭关系、学校、生理能力、生理外貌、情绪稳定性、音乐能力、同伴关系和健康八个维度组成。③

① Coopersmith, 5. The antecedents of self-esteem. San Farncisco: Freeman, 1967: 4-5.
② 魏运华:《少年儿童自尊发展结构模型及影响因素研究》，北京，北京师范大学，1997。
③ Mboya M. M. perceived teacher's behaviors and dimensions of adolescent self-concepts, Educational psychology, 1995(l): 491-199.

（三）自尊测量

由于自尊特定的心理特性，对自尊的测量主要采用的是主观的自我评价和问卷调查法。

国外比较常用的是莫里斯·罗森伯格（Morris. Rosenberg）编制的 SES（Self-Esteem Scale）量表和斯坦利（Stanley）库珀史密斯（Coopersmith）编制的 SEI（Self-Esteem Inventory）量表。其中，SES 量表是目前为止应用最为广泛和信效度最高的量表，它包含了 10 个题目，用于测量青少年关于自我价值和自我接纳的总体感受。SEI 量表包含了 58 个题目，根据测量对象的不同分为学校版、学校缩写版和成人版三种形式，用于测量儿童和青少年的自尊。

国内关于自尊测量的量表主要分为自编量表和对于国外的修订量表。自编量表主要有吴怡欣和张景媛编制的自尊问卷，黄希庭、杨雄编制的青年学生自我价值感量表以及魏运华基于六维模型编制的儿童自尊量表；对于国外的修订量表主要有张文新修订的库珀史密斯（Coopersmith）自尊量表学校缩减版，大卫·沃特金斯（David. Watkins）和董奇联合修订的儿童自我描述问卷等。

本研究采用的是目前应用最为广泛的 SES 量表。

三、家庭教养方式的相关内容

（一）家庭教养方式的概念界定

对于家庭教养方式，不同学者对其定义也不尽相同。心理学家南茜·达林（Nancy Darling）认为家庭教养方式是父母的教养态度、行为和非言语表达的集合，反映了亲子互动的性质，具有跨情境的稳定性。在国内，顾明远等人认为家庭教养方式分为广义和狭义两种：广义的家庭教养是指家庭成员之间相互实施的一种教育；狭义的家庭教养就是指由父母对其子女及其他年幼者实施的教育。张文新认为，家庭教养方式是指父母对子女抚养教育过程中所表现出来的一种相对稳定的行为方式。吴新华则提出家庭教养方式其本质是指父母亲在教养子女时所表现的行为，以及隐藏在这些行为背后的父母亲人格特质及其对子女的教养态度。本研究综合了以往研究，采用顾明远所提出的狭义的家庭教养方式的定义。

（二）家庭教养方式测量

谢弗（E.S.Schaefer）在1959年编制的子女对父母行为的评价问卷（Children's Report of Parental Behaviour Inventory，CRPBI），把父母教养方式分为三个维度：接纳—拒绝，心理自主－心理控制，严厉－放纵。瑞典的佩里斯（C. Perris）等人在1980年根据E.S.Schaefer提出的父母教养方式维度的概念编制了父母教养方式评价量表（EMBU）。主要包括四个因子：管束、行为取向和归罪行为；情感温暖和鼓励行为——爱的剥夺和拒绝；偏爱被试；过度保护。1990年，Simonton将此问卷进行了进一步的修订，修订后问卷包括父亲与母亲两个分量表，父亲量表和母亲量表略有差异，父亲量表有六个维度，分别是情感温暖、理解，惩罚、严厉，过分干涉，偏爱，拒绝、否认和过度保护；母亲量表有五个维度，分别是情感温暖、理解，过干涉、过保护，拒绝、否认，惩罚、严厉和偏爱。

1993年，岳冬梅等人对EMBU进行了修订，EMBU中文版也成为国内研究父母教养方式最有力、最客观、运用最广泛的工具。

四、国内外研究现状

（一）关于自尊的国外研究

一直以来，无论是普通心理学、社会心理学、发展心理学还是临床心理学等心理学的不同领域，对于自尊的研究都是一个热门和核心的论题。在西方心理学界，关于自尊各方面的研究已长达一百多年。关于自尊的问题涉及了社会、学校、家庭和个人的方方面面，研究内容也横跨了多个领域。1990年在奥斯陆召开了首届国际自尊研究大会，正式成立了国际自尊协会（National Association For Self-Esteem，简称NASE）。在20世纪90年代之前，对于自尊的研究主要集中在自尊的结构构成上。詹姆斯（James，1890）提出了自尊的单维结构模型。波普和麦克海尔（Pope&McHale，1988）则认为自尊是由知觉的自我和理想的自我两个因素所构成。此外，斯蒂芬哈根和伯恩斯提出了三因素自尊结构模型，即物质/情境模型、超然/建构模型、自我力量意识/整合模型。90年代后，对自尊的研究不仅仅局限在心理结构的单一层面上。从文化视角上，格林伯格（Greenberg）、所罗门（Solomon），（1986，1991，1997）等人提出了自尊的恐惧管理理论，力求将哲学、文化、精神分析等多角度多学科的相关认知综合分析，对自尊的起源、功能等产生一个更深层次的理解。在 20 世纪 90 年代后期，由美国教育界发起的“促进自尊运动”又使得自尊研究的重点转到了学校教育的儿童青少年身上，并取得了丰富的研究成果。

（二）关于自尊的国内研究

国内学者对于自尊的研究主要是将自尊作为儿童青少年社会性发展的一个重要组成部分，对我国儿童青少年自尊发展的特点进行探索性研究。比较有代表性的有魏运华（1997，1998，1999）对儿童的自尊结构模型和自尊发展的相关因素所做的研究，他提出儿童自尊的结构包括：外表、体育运动、能力、成就感、纪律、公德与助人 6 个主要因素，其中对儿童自尊的发展有显著影响的有父母教养方式、学生学业成绩、师生关系和同伴关系等。[①] 张文新则对初中学生的自尊特点和自尊及家庭教养方式的关系进行了深入研究，并发现初中阶段儿童自尊的发展存在显著的年级差异，不同群体青少年父母的教养方式对其自尊发展的影响也有明显的差异。[②] 大量基础性探索研究为本研究提供了丰富的理论支持。

（三）关于家庭教养方式的国外研究

自 20 世纪六七十年代以来，对家庭教养方式的研究有了新的方向和进展。马克比和马丁（Maccoby & Martin，1983）采取综合方式，将家庭教养方式分为“父母的要求与控制”和“父母的接纳与反应”两大向度，又将前者区分为“要求、控制”与“不要求、不控制”两类，将后者区分为“接纳、反应”与“拒绝、不反应”两类，并由此形成四个基本类型：权威抚养型、独断抚养型、宽容溺爱型和宽容冷漠型。多恩布施（Dornbusch）等人（1987）研究了家庭教养方式与学生学习成绩的关系，结果发现权威型教养方式与成绩呈正相关，专制型和放任型教养方式与成绩呈负相关。贝尔斯基（Belsky）等人（2000）对美国和韩国 3 岁儿童的父母教养方式及儿童抑制性行为的关系进行了研究，发现儿

① 魏运华:《学校因素对少年儿童自尊发展影响的研究》，载《心理发展与教育》，1998，14（2）：12-16。

② 张文新:《初中学生自尊特点的初步研究》，载《心理科学》，1997，20（6）：504-508。

童对父母教养方式的影响大于父母教养对儿童行为的影响。安娜·艾·艾弗·佩雷拉（Ana I. F. Pereira）等人（2009）对学龄儿童进行了问卷调查，以验证不同教养方式对儿童行为问题的影响，结果发现，忽视型、专制型的教养方式比溺爱型、权威型的教养方式呈现出更多的问题行为。

（四）关于家庭教养方式的国内研究

从20世纪90年代起，对家庭教养方式的研究越来越丰富。研究对象从之前的儿童逐渐跨到初中生、高中生、大学生等，研究的内容也很多，包括儿童性格形成、学习成绩、心理健康水平、自信心、社会适应性等方面，同时还有很多研究者对父母教养方式的性别差异作了比较研究。董奇、邹汉与加拿大学者陈欣银（1997）的研究发现父母的教养方式与儿童的学业成绩、社会适应性有密切的关系。父母严厉的教养方式与同伴拒绝性、攻击性、学习问题呈正相关，与同伴接受性、社交能力、学习成绩呈负相关。父母民主的教养方式与同伴接受性、社交能力呈正相关，与攻击性、学习问题和同伴拒绝性呈负相关。[①] 吕英等人（2008）探讨了父母的教养倾向与高中生心理健康的关系，发现父母情感温暖理解是保护子女不受焦虑和抑郁影响的有效方法。父母对子女过多的惩罚严厉、拒绝否认、偏爱被试、过分干涉、过度保护是导致子女形成敌对、偏执、人际关系紧张与敏感、情绪不稳定、适应不良、学习压力感和心理不平衡等不健康心理问题的主要原因。

张文新、林崇德对不同群体青少年的父母教养方式与自尊的关系的研究表明：父母教育方式对自尊的影响在不同群体中存在一定差异。父亲的过分保护对女生的自尊存在极其显著的消极影响，对男生却没有；母亲的过干涉、过保护对男生自尊有显著的消极影响，对女生却没有。同时，不管父母的过分保护还是母亲的过多干涉、过度保护对城市青少年的自尊有显著的消极影响，对农村青少年却没有。张文新就独生与非独生青少年的研究表明，父母对独生子女的情感温暖和理解显著多于非独生子女。母亲对独生子女的过干涉、过保护高于非独生

① 吕英、吕昀：《父母不同教养倾向对高中生心理健康的影响》，载《中国健康心理学杂志》，2008，16（1）。

子女。[①]

（五）关于家庭教养方式与孩子自尊的相关关系的国外研究

在探索家庭教养方式与孩子自尊的相关影响上，库珀史密斯（Coopersmith）发现父母的教养方式对儿童自尊形成和发展有极其重要的作用。父母积极的教养方式，举例来说有经常主动关心孩子及其活动、和孩子讨论事情、接受小孩的伙伴、自主决定权等，均可以提高青少年的自尊。[②] G.F. 卡瓦什（G. F. Kawash）等人的研究也发现：父母对子女的接纳与儿童、青少年的自尊有着极其显著的正相关关系，而父母对子女的控制则与儿童、青少年的自尊有着极显著的负相关关系。同时，父母的严厉与男性青少年的自尊有着极其显著的负相关关系，但与女性青少年的自尊不存在这种关系。[③]

（六）关于家庭教养方式与孩子自尊的相关关系的国内研究

在探索家庭教养方式与孩子自尊的相关影响上，国内许多学者也证实了家庭教养方式对自尊的发展有着显著的影响。张文新和林崇德（1998）对 895 名初中学生的自尊和父母教养方式进行了研究，发现父母的教养方式对青少年的自尊发展有较好的预测作用。从总体上看，青少年所感受到的来自父母的情感温暖和理解对其自尊发展有显著的积极影响，而父母的惩罚严厉、拒绝否认、过分干涉对青少年自尊的发展有显著的消极影响。魏运华等人的研究也表明了类似的观点：父母教养方式对儿童自尊发展有显著影响，如果父母对儿童采取情感温暖、理解等积极情感的教养方式能促进其自尊的发展，反之，如果父母对儿童采取惩罚、否认、拒绝等消极情感的教养方式则阻碍了儿童自尊的发展。

① 张文新、林崇德：《青少年的自尊与父母教养方式的关系——不同群体间的一致性与差异性》，载《心理科学》，1999（6）。

② Coopersmith, S. The antecedents of self-esteem. San Francisco: Freeman, 1967: 4-5.

③ Kawash, G. F. Self-Esteem in children as a Function of Perceived Parental Behavior, Journal of psychology, 1985, 235-342.

五、研究意义

儿童青少年是祖国未来的希望，其心理的健康发展对自身成长有着重要的意义。因此，对青海互助土族自治县的儿童青少年进行心理健康发展教育的研究探索，研究其自尊和家庭教养方式之间的相关关系，对了解土族地区儿童青少年心理健康发展的特点与规律、品德与个性发展的规律，有着重要的理论和现实意义。

（一）理论意义

1. 为培养土族地区儿童青少年健全的人格以及良好的社会适应能力提供科学的理论依据。

2. 能够进一步了解自尊和家庭教养方式之间的相关关系，从而更深入、全面地探讨影响儿童青少年心理健康发展的因素，丰富心理教育的内容。

3. 将研究对象细致到青海土族地区，将共性细致到个性，对推进土族地区儿童青少年心理健康研究有理论贡献。

（二）现实意义

1. 有助于对心理健康存在一定问题的儿童青少年进行适时适当的干预，从而有效预防其社会适应和心理问题的发生。

2. 可以更好地对土族地区青少年心理健康水平进行分析，从而有针对性地总结提高心理健康水平的建议和方法。

3. 可以为家长改善教养方式提供依据和建议，促进形成健康系统的家庭教养方式，进一步促进土族地区儿童青少年的心理健康发展。

4. 有助于比较青海省不同民族之间儿童青少年心理健康发展的差异和发展规律，为对症下药，促进青海地区不同民族儿童青少年的健康成长奠定基础。

第二节　研究设计

一、研究对象

本研究采用分层随机抽样法，选取青海省互助土族自治县的台子乡中心学校和职业技术学校两所中学初一至高三共 448 名学生进行调查。调查问卷收回后，剔除 4 份无效数据，得到 444 份有效数据，有效率为 99.1%。本研究问卷调查的样本其他的背景资料见表 5-1。

表 5-1　样本背景资料

		人数	比例
学校	互助县台子乡中心学校	293	66.0%
	互助县职业技术学校	151	34.0%
性别	男	202	45.5%
	女	242	54.5%
民族	汉族	329	74.1%
	土族	68	15.3%
	藏族	47	10.6%
年级	初一	92	20.7%
	初二	106	23.9%
	初三	95	21.4%
	高一	64	14.4%
	高二	42	9.5%
	高三	45	10.1%

二、研究工具

罗森博格自尊量表，由罗森伯格（Rosenberg）于 1965 年编制，目前是我国心理学界使用最多的自尊测量工具。家庭教养方式量表（EMBU），该量表是 1980 年由瑞典于默奥（Umea）大学精神医学系 C. 佩里斯（C.Perris）等人共同编制用以评价父母教养态度和行为的问卷。

三、数据处理与分析

对测验所得的数据在 SPSS 23.0 版上进行相关的统计分析。

第三节　研究结果

一、互助地区儿童青少年的自尊状况研究

（一）互助地区儿童青少年自尊总体情况

表 5-2　自尊总体情况

		人数	均值	标准差
总体自尊		444	28.21	3.86
学校	互助县台子乡中心学校	293	28.18	3.94
	互助县职业技术学校	151	28.25	3.69
性别	男	202	28.13	3.91
	女	242	28.27	3.82
民族	汉族	329	28.32	3.86
	土族	68	27.57	3.83
	藏族	47	28.34	3.88
年级	初一	92	28.23	3.99
	初二	106	28.36	3.82
	初三	95	27.94	4.06
	高一	64	28.63	3.80
	高二	42	28.29	3.84
	高三	45	27.69	3.86

由表 5-2 可知，互助地区儿童青少年的整体自尊得分为 28.21±3.86。在初三和高三两个年级上的自尊得分略低于其他年级。土族学生自尊得分略低于汉族和藏族学生。

（二）互助地区儿童青少年在不同性别上的自尊差异检验

采用独立样本 t 检验对互助地区儿童青少年在性别上的自尊差异进行检验，结果见表 5-3。

表 5-3　互助地区儿童青少年在不同性别上的自尊差异检验

	性别	人数	均值	标准差	检验
自尊	男	202	28.13	3.91	−0.38
	女	242	28.27	3.82	

注：* p<0.05 **p<0.01***p<0.001（下同）

由表 5-3 可知，互助地区儿童青少年的自尊得分在不同性别上无显著差异。

（三）互助地区儿童青少年在不同学校上的自尊差异检验

采用独立样本 t 检验对互助地区儿童青少年在学校上的自尊差异，结果见表 5-4。

表 5-4　互助地区儿童青少年在不同学校上的自尊差异检验

	学校	人数	均值	标准差	检验
自尊	互助县台子乡中心学校	293	28.18	3.94	−0.18
	互助县职业技术学校	151	28.25	3.69	

由表 5-4 可知，互助地区儿童青少年的自尊得分在不同学校上无显著差异。

二、互助地区儿童青少年的家庭教养方式研究

(一)互助地区儿童青少年家庭教养方式的总体情况

表 4-5　互助地区儿童青少年家庭教养方式的总体情况

家庭教养方式	样本数	平均值	标准差	全国常模	检验
父亲 情感温暖、理解	435	49.71	9.46	51.54	−4.03***
惩罚、严厉	435	19.38	5.68	15.84	12.99***
过分干涉	438	21.74	4.05	20.92	4.24***
偏爱被试	434	9.03	2.86	9.82	−5.74***
拒绝、否认	437	9.91	2.97	8.27	11.53***
过度保护	437	13.48	2.95	12.43	7.38***
母亲 情感温暖、理解	429	50.45	9.22	55.71	−11.82***
过分干涉、过度保护	429	37.57	6.33	36.42	3.77***
拒绝、否认	438	13.68	4.25	11.47	10.78***
惩罚、严厉	432	13.68	4.44	11.13	11.96***
偏爱被试	428	9.29	2.81	9.99	−5.12***

注：*** 表示在 $p \leqslant 0.001$ 水平显著相关

由表 5-5 可知，互助地区儿童青少年家庭教养方式各因子均分与全国常模相比均有显著差异。相比于全国常模，互助土族地区父母对子女的情感温暖、理解和偏爱更少；惩罚、严厉，过分干涉、过分保护和拒绝、否认更多。

（二）互助地区儿童青少年在性别上的家庭教养方式差异检验

表 5–6　互助地区儿童青少年在性别上的父亲家庭教养方式差异检验

家庭教养方式	性别	样本数	均值	标准差	检验
父亲 情感温暖、理解	男	202	50.07	9.18	0.75
	女	233	49.39	9.72	
惩罚、严厉	男	201	20.32	5.65	3.24***
	女	234	18.57	5.59	
过分干涉	男	202	22.16	4.12	2.03*
	女	236	21.38	3.97	
偏爱被试	男	201	9.08	2.96	0.32
	女	233	8.99	2.77	
拒绝、否认	男	202	10.37	3.13	3.05**
	女	235	9.51	2.77	
过度保护	男	202	13.87	2.93	2.61**
	女	235	13.13	2.93	

注：* 表示在 $p \leqslant 0.05$ 水平显著相关；** 表示在 $p \leqslant 0.01$ 水平显著相关；*** 表示在 $p \leqslant 0.001$ 水平显著相关

表 5–7　互助地区儿童青少年在性别上的母亲家庭教养方式差异检验

家庭教养方式	性别	人数	均值	标准差	检验
母亲 情感温暖、理解	男	198	51.03	8.93	1.21
	女	231	49.95	9.44	
过分干涉、过度保护	男	198	37.91	6.14	1.03
	女	231	37.28	6.49	
拒绝、否认	男	197	14.07	4.20	1.75
	女	231	13.35	4.27	

续表

家庭教养方式	性别	人数	均值	标准差	检验
惩罚、严厉	男	198	13.81	4.27	0.55
	女	234	13.58	4.59	
偏爱被试	男	197	9.39	2.92	0.66
	女	231	9.21	2.72	

由表 5-6、表 5-7 可知，互助地区儿童青少年家庭教养方式的部分因子在性别上有显著差异。其中父亲教养方式中惩罚、严厉，过分干涉，拒绝、否认，过度保护四个因子在男女性别上有显著差异。对于男生，父亲更多地表现出惩罚、严厉，过分干涉，拒绝和保护。而母亲教养方式在性别上没有显著差异。

（三）互助地区儿童青少年在不同学校上的家庭教养方式差异检验

表 5-8　互助地区儿童青少年在学校上的父亲家庭教养方式差异检验

家庭教养方式	学校	人数	均值	标准差	检验
父亲 情感温暖、理解	台子乡中心学校	291	50.08	9.70	1.17
	职业技术学校	144	48.96	8.96	
惩罚、严厉	台子乡中心学校	292	19.91	5.97	3.05**
	职业技术学校	143	18.28	4.87	
过分干涉	台子乡中心学校	292	21.77	4.10	0.20
	职业技术学校	146	21.68	3.97	
偏爱被试	台子乡中心学校	292	8.89	2.94	−1.52
	职业技术学校	142	9.33	2.67	
拒绝、否认	台子乡中心学校	292	10.13	3.13	2.37*
	职业技术学校	146	9.47	2.57	

续表

家庭教养方式	学校	人数	均值	标准差	检验
过度保护	台子乡中心学校	202	13.60	3.00	1.20
	职业技术学校	235	13.23	2.84	

注：* 表示在 $p \leq 0.05$ 水平显著相关；** 表示在 $p \leq 0.01$ 水平显著相关

表 5-9　互助地区儿童青少年在学校上的母亲家庭教养方式差异检验

家庭教养方式	学校	人数	均值	标准差	检验
母亲 情感温暖、理解	台子乡中心学校	289	51.02	9.36	1.86
	职业技术学校	140	49.26	8.84	
过分干涉、过度保护	台子乡中心学校	289	37.57	6.38	-0.03
	职业技术学校	140	37.59	6.26	
拒绝、否认	台子乡中心学校	289	14.05	4.41	2.62**
	职业技术学校	139	12.91	3.78	
惩罚、严厉	台子乡中心学校	289	13.89	4.46	1.34
	职业技术学校	143	13.28	4.39	
偏爱被试	台子乡中心学校	289	9.16	2.84	-1.44
	职业技术学校	139	9.58	2.72	

注：** 表示在 $p \leq 0.01$ 水平显著相关

由表 5-8、表 5-9 可知，互助地区儿童青少年家庭教养方式的部分因子在学校上有显著差异。其中父亲教养方式中惩罚、严厉和拒绝、否认两个因子在不同学校上有显著差异，且台子乡中心学校得分均大于职业技术学校。母亲教养方式中拒绝、否认因子在不同学校上有显著差异，且台子乡中心学校得分大于职业技术学校。

三、互助地区儿童青少年自尊和家庭教养方式的关系研究

（一）互助地区儿童青少年自尊和家庭教养方式的相关研究

采用皮尔逊积差相关分析法，对互助地区儿童青少年自尊和家庭教养方式进

行相关分析，计算出相关系数，结果见表 5-10。

表 5-10　青海省互助地区儿童青少年自尊和家庭教养方式的相关分析

	量表	自尊
父亲教养方式	情感温暖、理解	0.302**
	惩罚、严厉	-0.198**
	过分干涉	-0.128**
	偏爱被试	0.012
	拒绝、否认	-0.200**
	过度保护	-0.029
母亲教养方式	情感温暖、理解	0.329**
	过分干涉过度保护	-0.134**
	拒绝、否认	-0.237**
	惩罚、严厉	-0.231**
	偏爱被试	-0.023

注：** 表示在 $p \leq 0.01$ 水平显著相关

由表 5-10 可知，青海省互助土族自治县儿童青少年自尊和家庭教养方式呈显著相关。其中自尊与父亲教养方式中的情感温暖、理解，母亲教养方式中的情感温暖、理解呈显著正相关；与父亲教养方式中的惩罚、严厉，过分干涉，母亲教养方式中的过分干涉、过度保护，拒绝、否认，惩罚、严厉呈显著负相关。

（二）互助地区儿童青少年家庭教养方式对自尊的回归研究

表 5-11　青海省互助地区父亲教养方式对儿童青少年自尊的回归分析

因变量	预测变量	拟合优度 ^{2}	回归示数（未标准化）	回归示数（标准化）	回归示数检测	显著性
	常量		25.74		17.596	0.000
自尊	情感温暖、理解	0.091	0.111	0.273	5.640	0.000
	惩罚、严厉	0.039	−0.011.	−0.017	−0.257	0.797
	过分干涉	0.016	−0.076	−0.081	−1.554	0.121
	拒绝、否认	0.04	−0.117	−0.091	−1.432	0.153

由表 5-11 可知，父亲教养方式中的情感温暖对儿童青少年自尊有预测作用，惩罚严厉、过分干涉和拒绝否认与儿童青少年自尊显著负相关。其回归方程式为：自尊总分 =25.74+0.111* 情感温暖、理解 −0.011* 惩罚、严厉 −0.076* 过分干涉 −0.117* 拒绝、否认。

表 5-12　青海省互助地区母亲教养方式对儿童青少年自尊的回归分析

因变量	预测变量	拟合优度 ^{2}	回归示数（未标准化）	回归示数（标准化）	回归示数检测	显著性
	常量		26.04		18.111	0.000
自尊	情感温暖、理解	0.108	0.127	0.307	6.346	0.000
	惩罚、严厉	0.053	−0.073	−0.121	−2.314	0.021
	过分干涉、过度保护	0.018	−0.051	−0.056	−0.892	0.373
	拒绝、否认	0.056	−0.058	−0.067	−1.080	0.281

由表 5-12 可知，母亲教养方式中的情感温暖、理解和惩罚、严厉对儿童青少年自尊有预测作用，过分干涉保护和拒绝否认与儿童青少年自尊显著负相关。其回归方程式为：自尊总分 =26.04+0.127* 情感温暖、理解 −0.073* 惩罚、严厉 −0.051* 过分干涉、过度保护 −0.058× 拒绝、否认。

第四节　讨论分析

一、互助地区儿童青少年自尊水平和家庭教养方式的描述性统计分析

（一）互助地区儿童青少年自尊水平的整体分析

根据自尊量表所测，互助地区儿童青少年自尊得分为 28.21 ± 3.86，处于正常水平。其中初三和高三两个年级上的自尊得分略低于其他年级。究其原因，除了自尊发展的转折期在初二以外，初三、高三面临升学压力与激烈竞争，学生受学习成绩和父母、老师多方压力影响，一来没有足够的课余时间放松，二来缺少足够的心理动力和支持，会降低自我认同，从而降低自尊水平。

（二）互助地区儿童青少年的自尊得分在性别和学校上的差异分析

互助地区儿童青少年自尊在性别和学校上无显著差异。其原因为互助自治县学校较为集中，学生也多来自农民家庭，所受教育、学校氛围无明显差异，故成长环境相似，自尊水平也无显著差异。

（三）互助地区儿童青少年家庭教养方式与全国常模的差异分析

通过对家庭教养方式量表测验结果的分析发现，互助地区儿童青少年家庭教养方式各因子均分与全国常模相比均有显著差异。相较全国常模，互助土族地区父母更多地表现出严厉、拒绝和过分的干涉、保护，较少地表现出情感上的温暖和理解。分析其原因，互助土族自治县在整体经济水平上与城市相比有一定差距，父母文化水平较低，沿袭了传统的农村式“打是亲骂是爱”的教养方式，同时独生子女较少，因此父母对孩子更多地使用训斥、严厉的教育手段。

（四）互助地区儿童青少年家庭教养方式的部分因子在性别上存在差异

测验结果表明，对于男生和女生，父亲的教养方式有显著的不同，而母亲

的教养方式在性别上无显著差异。对于男生，父亲更多地表现出惩罚、严厉，过分干涉，拒绝和保护，即对男生管教更为严厉。而母亲对于男生和女生相比于父亲都更多地表现出情感温暖和理解。这与我国传统文化观念中的“严父慈母”“穷养儿、富养女”相吻合。同时，刘金花①、张文新②、钱铭怡③等人对青少年的研究也表明，随着儿童年龄的增长，家长对男孩女孩的教育方式日益分化，他们对男孩的惩罚，尤其是身体惩罚显著多于女孩。这一结果也支持了本结论。

（五）互助地区儿童青少年家庭教养方式的部分因子在学校上存在差异

测验结果表明，相比于职业技术学校，台子乡中心学校的学生更多地感受到父亲和母亲的情感温暖、理解，也更多地感受到惩罚、严厉和拒绝、否认。分析其原因，通过搜集的人口学资料可知，职业技术学校学生父母离异情况较多，且父母文化程度相对较低，对孩子的关心程度不够。相比于台子乡中心学校的学生，职校学生的学业前景较差，学生自我定位混乱，父母与子女对自己的未来发展方向不明确。因此父母对子女的管教相比于中心学校也较少。

二、互助土族自治县儿童青少年自尊和家庭教养方式的相关分析

互助土族自治县儿童青少年自尊和家庭教养方式呈显著相关。由结果可知，互助土族自治县儿童青少年自尊和家庭教养方式呈显著相关。具体分析可知，情感温暖、理解的教养方式下的孩子自尊水平更高；惩罚、严厉，过分干涉、拒绝、否认的教养方式下的孩子其自尊水平更低。进一步对家庭教养方式中呈现出显著相关的因子与儿童青少年的自尊作回归分析，结果发现，父亲教养方式中的情感温暖、理解对儿童青少年的自尊有正向预测作用，惩罚、严厉，过分干涉和拒绝、否认对儿童青少年的自尊有显著负相关。母亲教养方式中的情感温暖、理解对儿童青少年的自尊有正向预测作用，惩罚、严厉对儿童青少年的自尊有负向预

① 刘金花：《上海父亲育儿态度和观念的代际比较》，载《心理科学》，1995，18（4）：211–215。
② 张文新：《城乡青少年父母教养方式的比较研究》，载《心理发展与教育》，1996（4）。
③ 钱铭怡、肖广兰：《青少年心理健康水平、自我效能、自尊与父母教养方式的相关研究》，载《心理科学》，1998（6）。

测作用。过分干涉、过度保护和拒绝、否认对儿童青少年的自尊有显著负相关。也就是说，父母的态度越温暖、关怀，青少年的自尊水平越高。父母的态度越严厉、惩罚、过分干涉，青少年的自尊水平越低。这与以往研究结论一致。究其原因，父母对儿童青少年自我意识的形成有着至关重要的作用，好的教养方式可以促使青少年不断获得自我成就感，从而不断提升自尊水平。而父母较多地采用惩罚、打骂、过分干涉等教养模式，会使得儿童青少年在自卑和阴影里成长，导致自我结构发展不良，从而导致低自尊水平。因此，父母要更多地关怀和理解子女，减少惩罚、打骂、溺爱、放纵等负面教养方式，从而促进青少年自尊水平的发展。

三、结论

1. 互助地区儿童青少年的整体自尊得分为 28.21 ± 3.86。在初三和高三两个年级上的自尊得分略低于其他年级。土族学生自尊得分略低于汉族和藏族学生。

2. 互助地区儿童青少年的自尊得分在不同性别和不同学校上无显著差异。

3. 互助地区儿童青少年家庭教养方式各因子均分与全国常模相比均有显著差异。相比于全国常模，互助土族地区父母对子女的情感温暖、理解和偏爱更少；惩罚、严厉，过分干涉、过分保护和拒绝、否认更多。

4. 互助地区儿童青少年家庭教养方式的部分因子在性别上有显著差异。其中父亲教养方式中惩罚、严厉；过分干涉；拒绝、否认；过度干涉四个因子在男女性别上有显著差异。对于男生，父亲更多地表现出惩罚、严厉，过分干涉，拒绝和保护。而母亲教养方式在性别上无显著差异。

5. 互助地区儿童青少年家庭教养方式的部分因子在学校上有显著差异。其中父亲教养方式中惩罚、严厉和拒绝、否认两个因子在不同学校上有显著差异，且台子乡中心学校得分均大于职业技术学校。母亲教养方式中拒绝、否认因子在不同学校上有显著差异，且台子乡中心学校得分大于职业技术学校。

6. 互助土族自治县儿童青少年自尊和家庭教养方式呈显著相关。其中自尊与父亲教养方式中的情感温暖、理解，母亲教养方式中的情感温暖、理解呈显著正相关；与父亲教养方式中的惩罚、严厉，过分干涉，母亲教养方式中的过分干涉、过分保护，拒绝、否认，惩罚、严厉呈显著负相关。进一步回归分析结果表明，父亲教养方式中的情感温暖、理解对儿童青少年的自尊有正向预测作用，惩罚、严厉，过分干涉和拒绝、否认对儿童青少年的自尊有负向预测作用。母亲教养方式中的情感温暖、理解对儿童青少年的自尊有正向预测作用，惩罚、严厉，过分干涉、过度保护和拒绝、否认对儿童青少年的自尊有负向预测作用。

第六章

德令哈市青少年自尊、孤独感和亲社会行为的关系

本研究采用《罗森博格自尊量表》《儿童孤独量表（CLS）》和《亲社会倾向量表》，以青海省海西州德令哈市的822名中学生为研究对象，了解其在自尊、孤独感和亲社会行为上的情况，探讨青少年自尊、孤独感和亲社会行为之间的关系。结果表明：1.初三学生的自尊水平最低，孤独感体验最高。2.自尊与孤独感呈显著负相关，与亲社会行为呈显著正相关。3.自尊对孤独感有负向预测作用，对亲社会行为倾向中公开的、利他的、依从的、情绪的和紧急的这五个维度有正向的预测作用。

第一节 研究背景及意义

近几年，我们可以从报纸、网络和新闻上频繁地了解到“校园欺凌”一词，校园欺凌现象的不断增加，使得人们不得不思考，现在的青少年怎么了？如何提高青少年亲社会行为已迫在眉睫。在艾森伯格的亲社会行为理论中，他认为亲社会行为需要注意到他人的需要、产生助人的动机并将动机转化为行动。在人格因素中，自尊具有激励、影响个体助人动机的作用，正好与该理论中产生助人动机相符合。由此，自尊会对亲社会行为产生一定的影响。在对校园欺凌现象进行深入了解后我们发现，现在的欺凌行为由原来的留守儿童延伸到富裕人家的孩子之中。而且后者的欺凌行为更加恶劣，后果也更加严重。这些有欺凌行为的富裕人家的孩子有着相似的家庭环境，即父母忙于工作，疏忽于对小孩的照料，平时给零花钱十分大方。在这样的家庭里，青少年对家的归属感不强，且孤独感体验较深刻。所以，本研究在探讨自尊与亲社会行为的关系中加入了孤独感这一变量，了解其在自尊和亲社会行为中的作用和影响。

处于青海省海西蒙古族藏族自治州的德令哈市，居住着以蒙古族藏族为主的 19 个不同的民族。在这里，不同民族之间和谐相处，各自在继承本民族文化和风俗的情况下，也受其他民族的文化和风俗习惯的影响，人们大多掌握多种语言，便于日常的交流和学习。作为多民族聚居的地方，不同民族教养子女的方式，对其人格和行为有着不同的影响。如：藏族的父母大多选择言传身教，自己以身作则来教育子女，教养方式表现为中等水平，说明藏族父母在教育子女时，既不特别宠爱，也非斥责有加，更多地偏向于关心子女。这会让子女的自我体验和经验一致，对其人格的发展有一定的积极作用。回族父母对其子女有过分干涉和过度保护的倾向，汉族学生的父母对子女有更多的拒绝与否认的倾向，这会影响着孩子的人格和自尊的发展水平。各民族的风俗文化，也会影响着青少年的性格和行为方式。如：藏族和蒙古族大多豪放开朗，热情好客；而汉族表现较为含蓄，其行为和性格多为中庸。在面对生活事件时，青少年的性格会影响其孤独感的体验和亲社会行为的表现。所以，对多民族聚居的德令哈市的青少年进行研究，有利于我们探讨不同民族文化和风俗背景下个体自尊水平发展和亲社会行为的表现。

对以往研究的阅读和分析，可以了解到：

一、自尊的研究现状

（一）自尊的定义

自尊这一概念最早是由心理学家W.詹姆斯（W. James）提出来的，即自尊=成功/抱负，也就是个人对于自我价值的感受取决于他的成就感与他潜在能力的比值；库珀史密斯（Coopersmith）认为自尊是个体对自己的持久的评价；H.马什（H. Marsh）认为自尊是一个知觉到的现实自我的特征和自我评价标准之间的比较结果；M.罗森伯格（M. Rosenberg）认为自尊反映了知觉到的个体的现实自我状态和理想或期望的自我状态之间的差异；N.布兰登（N. Branden）认为自尊是指人们在应对生活基本挑战时的自信体验和坚信自己拥有的幸福生活权力的意志，由自我效能和自爱两部分组成；斯戴芬哈芬（Steffenhafen）认为自尊是指个体对自我的知觉的总和，包括自我概念、自我意象和社会概念。[①] 我国学者朱智贤认为自尊是社会评价与个人自尊需要的关系反映；荆其诚将自尊定义为个人自我感觉的一种方式，一种感到受人敬重的自我概念；顾明远说，自尊是指个体以自我意象和对自身社会价值的理解为基础，对个人的值得尊重程度或其重要性所作的评价；林崇德认为，自尊是自我意识中具有评价意义的成分，是与自尊需要相联系的，对自我的态度体验，也是心理健康的重要指标之一。

由以上定义可知，关于自尊定义的内涵与外延并没有统一的界定，但大致分为两个方面，一方面，自尊是对于自我价值的评价，包括自我概念、自我意识和自我效能等成分；另一方面，自尊也是与社会价值相联系，是一种被需要、被尊重的自我体验。在本文中，自尊被定义为个体在成长过程中，所获得的对自我价值的一种情感体验。

① 张静：《自尊问题研究综述》，载《南京航空航天大学学报》（社会科学版），2002（4）。

（二）自尊的结构

1. 一维结构模型

这一模型是由 W. 詹姆斯（W. James）提出的，他认为自尊就是指个体的成就感（the sense of accomplishment），自尊取决于个体在现实所设定的目标过程中的成功或失败的感受，重要的不是个体所获得的实际结果，而是个体对所获结果的认知过程，即个体对所获结果重要性的主观评价。

2. 二维结构模型

A. W 波普（A. W. Pope）和麦克海尔（S. M. Mchale，1988）认为自尊包含知觉自我和理想自我，知觉自我是个体从客观上对自身所拥有的各项技能、品质和特征的认知，也就是自我概念，而理想自我是指个体非常希望具备某种品质或特性，成为自己所期望成为的一种人的真诚愿望；张静指出自尊包括自我效能和自我悦纳，自我效能包含了很多个体对自我的认知在内，反映出从积极乐观的角度评价自我而带来的自信心。不管是 A. W. Pope 和 S. M. Michale 还是张静对自尊结构的界定，都包含了个体主观上对自己的内在认知和个体希望获得外界所认可的技能、品质或获得他人的赞赏认可。

3. 三维结构模型

这一结构模型是由史戴芬哈根（R. A. Steffenhagen）和伯恩森（J. D. Burns，1983）提出的，这一模型又包括三个相互联系的亚模型，即物质／情境模型、超然／建构模型、自我强度意识／整合模型；在物质／情境模型中，自尊包括自我意象、自我概念和社会概念三个成分，每个成分又都包括地位、勇气和可塑性三个元素；在超然／建构模型中，自尊包括身体、心理和精神三个成分，每个成分都包括成功、鼓励和支持三个元素；在自我强度意识／整合模型中，自尊包括目标取向、活动程度和社会兴趣三个成分，每个成分都包括知觉、创造和适应三个元素。[①] 黄希庭指出自尊是由三方面所构成的有机整体，这三方面分别为：特殊自尊、总体自尊与一般自尊，三者构成统一的有机整体。[②] 不难看出，三维模型比二维模型对于自尊的结构又扩展了，更加完整。

① 张静：《自尊问题研究综述》，载《南京航空航天大学学报》（社会科学版），2002（4）。

② Steffenhagen R A. Self-esteem Therapy. An Imprint of Greenwood Publishing Group, Inc. 1990: 1-27.

4. 四维结构模型

库珀史密斯（S. Coopersmith）认为自尊包括重要性、能力、品德以及权力，重要性是指自己对于周围重要人物的重要程度的感知，即自己是否受到重要人物的喜爱；能力即自己能否有效地完成其他人眼中很重要的任务；品德指自己的行为表现是否在伦理道德标准之上；权力是指自己可以对别人产生多大的作用。S. Coopersmith 将权力纳入自尊的结构中，不仅考虑个体相对于自我的感受，也考虑了自我对他人的作用，这种对他人产生的影响又会反作用于对自我的认识。

5. 六维结构

杨斯 B. B（Youngs B. B，1993）指出自尊包含以下六个方面内容：（1）生理安全感，即没有身体上的伤害，具有安全感；（2）情感可靠性，即心理上没有害怕或者被威胁的感受；（3）自我认同感，即明白“我是谁”这一问题，对自己有客观的认识；（4）胜任感，即自己相信自己拥有力量，有能力完成某项事情；（5）归属感；（6）意义感，即体验到生活是有意义的。而后，魏运华于 1997 年研究儿童自尊，并提出儿童自尊由六个因素组成，分别为外形、体育、能力、成就、纪律、公共道德和帮助他人。

（三）自尊的发展及其影响因素

1. 自尊的发展

从个体发育过程来看，三岁儿童，他的经验活动开始超出躯体感，通过自我躯体的体会和同别人的复杂相互作用，自我概念初步形成，自我感觉转换为自我意识。[①] 儿童通过从周围的人那里学会认识自我，从自己和周围人的相互作用中发展自我观念。2 ~ 6 岁的幼儿可以使用很多生活中的工具（如语言、动作、数字和绘画等）来帮助他们与周围人的顺利交往，并从中了解自己；儿童进入学校后，自我意识得到明显的发展，但总体水平相对较低，正处于从具体的、个别的评价向抽象的、概括的评价过渡；青少年时期是自我意识发生的高峰期，具有成人感和独立意象、自我分化、自我评价趋于成熟以及自我意识的强度和深度不断加强的特点。总之，通过劳动，人类不仅认识到人与自然的区别，使“自在”之

① 黄恺杰、李丹、赵倩：《自尊问题研究综述》，载《社会心理科学》，2014（29）。

物变成“为我”之物，也从相互依赖和协作中认识到人与己的区别，人们意识到自我并把自我从社会中区别开来，这样就产生了自我意识和自尊。[①] 由此可见，个人对自我的意识是以对他人、对社会的意识为前提的，自我意识或自尊一开始就是社会的产物。[②]

2. 自尊的影响因素

（1）家庭因素

家庭是孩子社会化发展的第一场所，家庭对孩子形成良好的人格与情绪体验起着重要的作用，家庭的气氛、组织机构、父母的教养方式和父母文化水平及经济地位等都会对孩子的自尊产生影响。库珀史密斯（Coopersmith）对儿童形成高自尊的原因进行分析，发现高自尊儿童父母的教养方式有如下共同点：接受、喜爱、关心、参与、严格、赞成非强制性的纪律要求、民主；谢弗（Shaffer）指出，父母在孩子自尊形成过程中扮演着重要的角色，父母教养方式会直接或间接影响儿童构建的自我认知模型。[③] 我国学者也进行了相关研究，得出的结论支持了上述观点。如果父母采用民主型的教养方式，关心、理解、温暖儿童会使他们形成积极的自尊，有利于儿童身心的健康发展，反之则会降低儿童的自尊水平。

（2）学校因素

除家庭外，学校是孩子重要生活的第二场所，从幼儿到青少年，个体的发展都会受到学校的影响。梁兵认为师生关系是学生在学校生活面临的一种重要的人际关系，师生关系的好坏不仅会影响到学生学习的兴趣和学习动机，还会影响到学生健康人格的发展，教师对学生行为的认知评价以及情绪反应会促进学生的自我认知与评价。长此以往，学生就会形成稳定的自尊水平。[④] 魏运华指出，诸多学校影响因素中，教师的作用不容小觑，满意的师生关系会提高学生自尊的水

① 黄恺杰、李丹、赵倩：《自尊问题研究综述》，载《社会心理科学》，2014（29）。

② David R. Shaffer. Social and personality Development. COPYRIGHT by Wadworth, adivision of Thomson Learning, 2000: 172-178.

③ 魏运华：《父母教养方式对少年儿童自尊发展影响的研究》，载《心理发展与教育》，1999（3）：7–11。

④ 梁兵：《试论教学过程中师生人际关系及其影响》，载《新疆大学学报》（哲学社会科学），1993。

平，如果教师对学生的重视、关心、信任并经常给予鼓励与赞扬，就会促进学生自尊的发展，相反，教师对学生讽刺、辱骂甚至体罚打击等会降低学生的自尊水平。

林崇德的研究也表明，师生关系的好坏与小学生自我概念的发展水平有着密切关系，其中亲密型师生关系会促进小学生自我概念的良性发展，提高小学生自我概念的水平。反之，冷漠型师生关系则会降低小学生的自我概念发展水平。[①]除此之外，同伴接纳程度、同伴关系、学业成绩等与自尊都有着密切的关系。

（3）社会文化因素

自尊是特定文化背景的产物，贝克（Beck）指出，所有文化都要求社会中的个人按照一定的行为规范去行动，并扮演有价值的社会角色，只有满足社会标准，个体才会对自我产生积极的认知与评价。所以自尊具有差异性，它与特定的文化有关，不同的文化背景下个体所表现出的自尊水平也不一样。

二、自尊和孤独感的关系研究

孤独是个体渴望人际交往或与社会接触时无法满足的一种主观的不愉快、痛苦的体验。自 20 世纪 80 年代开始，学者们就开展了对自尊与孤独感关系的研究，大部分相关研究表明，自尊与孤独感呈显著负相关，即个体的自尊水平越低，自我体验越消极，孤独感越高。孤独感强的人往往对自己持有否定的观念，如自己无能、不重要、没有存在的价值等。近年来，国内学者关于二者关系的研究更加细致和深入，对不同年龄群体进行了不同程度的研究。[②]尹绍清等人对彝族大学生自尊、社交行为及负性自动思维对孤独感影响的研究表明，自尊与孤独感存在着显著负相关[③]；李彩娜等人对大学生孤独感及其依恋、自尊的关系研究表明，自尊与孤独感存在着显著负相关，自尊在依恋与孤独感间起着部分中介作用，自尊不仅是个体人际关系质量的内在反应，而且影响个体的自我评价和情感

① 张林：《青少年自尊结构、发展特点及其影响因素的研究》，东北师范大学博士研究学位论文，2004。

② 王小新：《自尊、人际信任、社会支持与孤独感关系研究综述》，载《河南科技学院学报》，2012（10）：86-89。

③ 尹绍清、赵科：《彝族大学生自尊、社会行为及负性自动思维过程对孤独感影响的路径分析》，载《红河学院学报》，2011（4）：98-101。

体验[①]。王继玉等人对大学生自尊和孤独感与生活满意度关系的研究表明，自尊与孤独感存在显著负相关，自尊对孤独感与生活满意度起部分中介作用，良好的自我评价和积极的自我体验对于个体体验生活、感受幸福、减轻孤独感有着极其重要的作用。[②]戴革等人对医科大学生孤独感与自尊关系的研究表明，自尊与状态孤独、特质孤独存在着显著的负相关，这表明较低的自尊在环境变化时或在陌生的情景中极易产生暂时性的孤独体验，而较低的自我效能可能又会使个体不能适当地调节自己的情绪体验，而转化为长期性孤独体验。[③]周天梅等人对汉、藏族中学生自尊与孤独感的比较研究，郭兴保等人对小学儿童的自尊与孤独感关系的研究和杨玲等人对吸毒者的自尊与孤独感特点的分析研究等，也得出了二者呈负相关的结论。[④]以上研究的结论都为自尊与孤独感呈显著负相关，自尊在其他变量与孤独感间起到部分中介作用，高自尊的个体孤独感低，而低自尊的孤独感则高。

然而，另一些研究得出了相反的结果。胡立荣等人对聋哑学生的研究表明，聋哑学生的心理特征与正常学生有显著的差异，聋哑学生的自尊、孤独感均明显高于正常学生，聋哑学生的自我评价越高越容易体验孤独。[⑤]杨青等人对农民工的自尊、自我效能感与孤独感进行研究也得出了相同的结论，这可能是因为他们的被试取样较少、被试选取的人群较特殊，他们极其渴望得到社会的认可，具有较高的自尊和自我效能感，在遇到困难时，往往倾向于自己解决，不去向外界寻求帮助，但内心渴望能得到外界的帮助，因而产生孤独感。

① 李彩娜、班兰美、李红梅:《大学生孤独感及其与依恋、自尊的关系》，载《中国临床心理学杂志》，2010，18（14）。

② 王继玉:《303 名大学生自尊和孤独感与生活满意度的关系》，载《中国校医》，2010，24（4）：254–256。

③ 戴革、雷良忻、邓稳根等:《医科大学生孤独感与自尊的相互关系探讨》，载《中国健康心理学杂志》，2009，1（11）：1352–1354。

④ 王小新:《自尊、人际信任、社会支持与孤独感关系研究综述》，载《河南科技学院学报》，2012（10）：86–89。

⑤ 胡立荣、郑维峰、丁万涛:《聋哑学生人格特征与社交焦虑、自尊、孤独感的研究》，载《中国民政医学杂志》，2002，14（1）：24–25。

三、自尊和亲社会行为的相关研究

亲社会行为是一种普遍的社会现象，它包括一切符合社会期望并对他人、群体或社会有益的行为。亲社会行为也是一种积极的社会行为，以自愿帮助他人为基本表现，是个体社会化进程中一个重要的组成部分。[①] 王勇、卢长娥[②] 选取 4 ~ 6 岁的幼儿作为被试，采用《幼儿亲社会行为问卷》和《儿童自尊问卷》，得出幼儿亲社会行为与自尊总分及其各个维度均呈显著正相关，其中自我胜任感和重要感对幼儿亲社会行为具有显著的正向预测作用的结论；[③] 冯莉采用自编的《内蒙古小学高年级亲社会行为问卷》和《自尊量表》（SES）对内蒙古小学高年级的学生进行研究，得出与以上研究相一致的结论，即高自尊的学生所表现出的亲社会行为要多于低自尊的学生，但通过对亲社会行为与自尊的逐步多元回归分析，得出亲社会行为对自尊有显著的预测作用的结论。[④] 然后张潮、张佳楠对高职生的自尊与亲社会行为进行研究所得出的结论为：高自尊的学生亲社会行为明显低于低自尊的学生，亲社会行为与自尊呈显著负相关。综上所述，自尊与亲社会行为的关系研究没有明确的定论，这可能是因为选取的被试样本群体不一样所导致的；自尊与亲社会行为相互作用，互为因果，通过培养青少年的自尊水平，可以有效地提高他们的道德发展水平。

通过对以往研究的阅读和分析，可以了解到自尊、孤独感和亲社会行为研究的现状，以及自尊、孤独感和亲社会行为之间的关系。从理论上，丰富相关领域的研究，通过对不同民族的研究对象进行调查，可以了解到不同文化背景下青少年的自尊、孤独感和亲社会行为的现状和关系。从实际上，针对不同民族青少年的发展水平，施加不同的教育干预措施，可以提高青少年的自尊水平，减少孤独感的体验，提高亲社会行为的频率，使青少年积极健康地成长，提高其对将来面对成人社会的适应力。这从侧面证实了，我们对青海省青少年的自尊、孤独感和

① 赵璇：《道德启动和心理成本对亲社会行为的影响》，武汉，华中师范大学硕士研究生学位论文，2012。

② 王勇、卢长娥：《幼儿亲社会行为与自尊的特点及其关系》，载《淮南师范学院学报》，2016（01）。

③ 冯莉：《内蒙古小学高年级亲社会行为问卷编制及与自尊关系的研究》，浙江师范大学，2009。

④ 涨潮、张佳楠：《高职生自尊、主见幸福感与亲社会行为的关系》，载《中国健康心理学杂志》，2005，23（04）：537-540。

亲社会行为研究的必要性。

第二节　研究设计

一、研究对象

研究采用分层随机抽样的方法，选取青海省海西州德令哈市的民族中学和德令哈一中初一到高三六个年级共 822 名学生进行团体施测，剔除缺失数据，有效数据为 812 人，有效回收率为 98.78%，其中民族中学 202 人（24.88%），德令哈一中 610 人（75.12%）；男生 401 人（49.38%），女生 411 人（50.62%）；蒙古族 217 人（26.72%），汉族 547 人（67.36%），藏族 22 人（2.71%），回族 25 人（3.08%），土族 1 人（0.12%），由于土族人数较少，不列入分析。

二、研究工具

本研究采用《罗森博格自尊量表》《儿童孤独量表》（CLS）和《亲社会倾向量表》对 822 名中学生进行测量。了解其在自尊、孤独感和亲社会行为方面上的具体情况。三个量表都拥有良好的信效度，能准确地测量出研究所要测量的数据。

三、数据处理

采用 SPSS17.0 对数据进行统计与分析，进行描述性统计、独立样本 t 检验及相关回归分析。

第三节　研究结果

一、描述统计分析

（一）自尊的描述统计分析

表 6-1　自尊的现状分析

人口学统计特征		样本数	均值	标准差	t 检验	F 检验
自尊总体情况		812	28.01	4.58		
性别	男	401	28.12	4.62	0.67	
	女	411	27.91	4.53		
学校	民族中学	202	27.90	4.80	−0.42	
	德令哈一中	610	28.05	4.50		
民族	蒙古族	217	28.05	4.80	0.48	
	汉族	547	27.97	4.57		
	藏族	22	27.83	2.57		
	回族	25	28.97	4.19		
年级	初一	145	28.82	5.47		5.84***
	初二	150	28.33	4.79		
	初三	25	24.44	4.46		
	高一	294	27.40	3.83		
	高二	168	28.50	4.40		
	高三	30	28.76	4.20		

注：* $p<0.05$ ** $p<0.01$ *** $p<0.001$（下同）

由表 6-1 可得，自尊虽然在性别、学校、民族上无显著差异，但男生比女生的自尊水平略高，蒙古族和回族比汉族和藏族的自尊水平略高。自尊在年级上呈现极其显著的差异，因此，需要进行事后多重检验。

表 6-2　自尊在年级上的事后多重检验

			P 显著性	LSD 最小显著差异（t 检验）
		初二	0.34	1>3；1>4
		初三	0.00	
	初一	高一	0.00	
		高二	0.53	
		高三	0.94	
		初一	0.34	
		初三	0.00	
	初二	高一	0.04	2>3；2>4
		高二	0.73	
		高三	0.63	
年级		初一	0.00	
		初二	0.00	
	初三	高一	0.00	3<1；3<2；3<4；3<5 ；3<6
		高二	0.00	
		高三	0.00	
		初一	0.00	
		初二	0.04	
	高一	初三	0.00	4<1；4<2；4>3；4<5
		高二	0.01	
		高三	0.11	
		初一	0.53	

续表

			P 显著性	LSD 最小显著差异（t 检验）
年级	高二	初二	0.73	5>3；5>4
		初三	0.00	
		高一	0.01	
		高三	0.77	
	高三	初一	0.94	6>3
		初二	0.63	
		初三	0.00	
		高一	0.11	
		高二	0.77	

注：事后检验 LSD 中 1 为初一；2 为初二；3 为初三；4 为 高一；5 为高二；6 为高三。

由表 6-2 可得，自尊在年级上呈现极其显著的差异，经过 LSD 事后多重检验发现，初一和初二比初三、高一的自尊水平高，高一、高二和高三比初三的自尊水平高，高二比高一的自尊水平高。

（二）孤独感的描述统计分析

表 6-3　孤独感的现状分析

人口学统计特征		样本数	均值	标准差	t 检验	F 检验
孤独感总体情况		812	36.84	9.84		
性别	男	401	36.81	9.43	-0.08	
	女	411	36.87	10.24		
学校	民族中学	202	37.40	9.12	0.93	
	德令哈一中	610	36.65	36.65		

续表

人口学统计特征		样本数	均值	标准差	t 检验	F 检验
民族	蒙古族	217	37.21	9.16		0.15
	汉族	547	36.73	10.17		
	藏族	22	37.06	8.84		
	回族	25	35.96	9.69		
年级	初一	145	35.12	11.09		3.35**
	初二	150	35.66	10.42		
	初三	25	42.24	7.43		
	高一	294	37.50	9.69		
	高二	168	37.57	8.64		
	高三	30	36.00	7.88		

注：** 表示在 $p \leqslant 0.01$ 水平显著相关

由表 6-3 可得，孤独感在性别、学校和民族上无显著差异，但民族中学的学生孤独感略高于德令哈一中的学生，这与孤独感在民族上的得分结论一致（民族中学的学生都为蒙古族），蒙古族与藏族学生孤独感的得分略高于汉族和回族学生。孤独感在年级上呈现出非常显著的差异，为了进一步分析，进行 LSD 事后多重检验。

表 6-4　孤独感在年级上的事后多重检验

			P 显著性	LSD 事后多重检验
年级	初一	初二	0.64	1<3；1<4；1<5
		初三	0.00	
		高一	0.02	
		高二	0.03	
		高三	0.66	
	初二	初一	0.64	

续表

			P 显著性	LSD 事后多重检验
		初三	0.00	
		高一	0.06	2<3
		高二	0.08	
		高三	0.86	
	初三	初一	0.00	
		初二	0.00	
		高一	0.02	3>1；3>2；3>4；3>5；3>6
		高二	0.03	
		高三	0.02	
	高一	初一	0.02	4>1；4<3
		初二	0.06	
年级		初三	0.02	
		高二	0.95	
		高三	0.42	
	高二	初一	0.03	5>1；5<3
		初二	0.08	
		初三	0.03	
		高一	0.95	
		高三	0.42	
	高三	初一	0.66	6<3
		初二	0.86	
		初三	0.02	
		高一	0.42	
		高二	0.42	

注：事后检验中 1 为初一；2 为初二；3 为初三；4 为高一；5 为高二；6 为高三。

从表 6-4 可得，初三学生的孤独感最高，高于其他五个年级，初三、高一和高二学生的孤独感分别高于初一学生。

（三）亲社会行为倾向的描述统计分析

表 6-5　亲社会行为倾向的描述性统计

		样本数	均值	标准差
亲社会行为倾向总体情况	公开的	812	15.35	2.95
	匿名的	812	17.85	3.65
	利他的	812	21.82	4.19
	依从的	812	7.46	1.68
	情绪的	812	22.10	4.16
	紧急的	812	10.62	2.43

表 6-6　亲社会行为倾向在性别上的差异检验

	性别	样本数	均值	标准差	检验
公开的	男生	401	15.13	2.95	−2.14
	女生	411	15.57	2.93	
匿名的	男生	401	17.64	3.70	−1.68
	女生	411	18.07	3.59	
利他的	男生	401	21.50	4.10	−2.16
	女生	411	22.13	4.25	
依从的	男生	401	7.34	1.69	−1.98
	女生	411	7.57	1.67	

续表

	性别	样本数	均值	标准差	检验
情绪的	男生	401	21.84	4.11	−1.77
	女生	411	22.36	4.20	
紧急的	男生	401	10.55	2.36	−0.82
	女生	411	10.69	2.49	

从表 6–6 可得，亲社会行为倾向在性别上无显著差异。

表 6–7　亲社会行为倾向在学校上的差异检验

	学校	样本数	均值	标准差	显著性
公开的	民族中学	202.00	14.82	2.97	−2.96
	德令哈一中	610.00	15.53	2.92	
匿名的	民族中学	202.00	18.00	3.82	0.66
	德令哈一中	610.00	17.80	3.60	
利他的	民族中学	202.00	21.30	4.39	−2.02
	德令哈一中	610.00	21.99	4.10	
依从的	民族中学	202.00	7.32	1.70	−1.36
	德令哈一中	610.00	7.50	1.67	
情绪的	民族中学	202.00	21.68	4.24	−1.67
	德令哈一中	610.00	22.24	4.13	
紧急的	民族中学	202.00	10.48	2.38	−0.93
	德令哈一中	610.00	10.66	2.44	

从表 6–7 可得，亲社会行为倾向在学校上无显著差异。

表 6-8　亲社会行为倾向在民族上的差异检验

	民族	人数	均值	标准差	组方差值
公开的	蒙古族	217	14.86	3.00	2.35
	汉族	547	15.51	2.89	
	藏族	22	15.59	3.47	
	回族	25	15.84	2.87	
匿名的	蒙古族	217	17.92	3.82	0.16
	汉族	547	17.81	3.59	
	藏族	22	18.14	3.76	
	回族	25	18.08	3.51	
利他的	蒙古族	217	21.37	4.41	1.27
	汉族	547	22.00	4.10	
	藏族	22	21.70	4.55	
	回族	25	21.64	3.65	
依从的	蒙古族	217	7.33	1.75	1.00
	汉族	547	7.50	1.65	
	藏族	22	7.55	1.50	
	回族	25	7.56	1.83	
情绪的	蒙古族	217	21.71	4.23	0.77
	汉族	547	22.24	4.17	
	藏族	22	22.20	4.37	
	回族	25	22.24	3.17	
紧急的	蒙古族	217	10.41	2.39	0.77
	汉族	547	10.71	2.41	
	藏族	22	10.20	2.90	
	回族	25	10.76	2.60	

从表 6-8 可得，亲社会行为倾向在民族上无显著差异。

表 6-9　亲社会行为倾向在年级上的差异检验

	年级	人数	均值	标准差	F	LSD
公开的	初一	145	15.23	3.34		
	初二	150	16.08	3.05		1>3；2>1
	初三	25	12.80	2.81		2>3；2>4
	高一	294	15.31	2.62	5.94***	2>5；2>6
	高二	168	15.33	2.85		4>3；5>3
	高三	30	14.93	2.97		6>3
匿名的	初一	145	18.17	3.99		2>3；2>4
	初二	150	18.87	3.95		
	初三	25	16.74	3.88	4.00**	2>5；
	高一	294	17.52	3.18		
	高二	168	17.43	3.52		
	高三	30	17.83	4.25		
利他的	初一	145	21.75	4.63	2.87*	1>3；2>1
	初二	150	22.77	4.51		2>3；2>4
	初三	25	19.90	4.94		2>5；4>3
	高一	294	21.71	3.61		
	高二	168	21.51	4.20		
	高三	30	21.77	4.12		

续表

	年级	人数	均值	标准差	*F*	*LSD*
依从的	初一	145	7.41	1.95	1.93	
	初二	150	7.81	1.83		
	初三	25	6.98	1.50		
	高一	294	7.41	1.57		
	高二	168	7.37	1.46		
	高三	30	7.28	1.69		
情绪的	初一	145	21.92	4.74		
	初二	150	23.03	4.60		1>3；2>1
	初三	25	19.82	4.06		2>3；2>4
	高一	294	22.02	3.71	3.25^{**}	2>5；4>3
	高二	168	22.03	3.82		5>3；
	高三	30	21.47	4.22		
紧急的	初一	145	10.97	2.68		
	初二	150	11.18	2.60		
	初三	25	9.94	2.11		1>3；1>4
	高一	294	10.33	2.21	3.77^{**}	2>3；2>4
	高二	168	10.48	2.40		2>5
	高三	30	10.27	2.12		

注：1 为初一；2 为初二；3 为初三；4 为高一；5 为高二；6 为高三。
注：** 表示在 $p \leqslant 0.01$ 水平显著相关；*** 表示在 $p \leqslant 0.001$ 水平显著相关

从表 6-9 可得，亲社会行为倾向在年级上呈现显著差异，经过 LSD 事后多重检验，在公开的维度上，初一大于初三，初二大于初一、初三、高一、高二和高三，高一、高二和高三大于初三；在利他的维度上，初二大于初三、高一和高二；在依从的维度上，初一大于初三，初二大于初一、初三、高一和高二，高二大于初三；在情绪的维度上，初一大于初三，初二大于初一、初三、高一和高二；

高一和高二大于初三；在紧急的维度上，初一大于初三和高一，初二大于初三、高一和高二。

二、自尊、孤独感和亲社会行为倾向的相关分析

表 6-10　自尊、孤独感和亲社会行为倾向的相关分析

	自尊	孤独感	公开的	匿名的	利他的	依从的	情绪的	紧急的
自尊	1	−0.20**	0.10**	0.06*	0.07*	0.09*	0.09*	0.07*

从表 6-10 可得，自尊与孤独感呈显著负相关，自尊与亲社会行为倾向的六个维度都呈显著正相关；为了探讨自尊与孤独感、亲社会行为倾向的关系，因此需进一步作线性回归分析。

三、自尊、孤独感和亲社会行为倾向的回归分析

表 6-11　自尊、孤独感和亲社会行为倾向的回归分析

自变量	因变量	复平方相关系数	常量	多元回归系数	检验统计	百分比
自尊	孤独感	0.04	49.27	−0.44	−6.00	0.00
	公开的	0.01	13.43	0.06	3.04	0.00
	匿名的	0.00	16.31	0.05	1.96	0.05
	利他的	0.00	19.80	0.07	2.24	0.02
	依从的	0.00	6.53	0.03	2.57	0.01
	情绪的	0.00	19.80	0.08	2.57	0.01
	紧急的	0.00	9.52	0.03	2.10	0.03

由表 6-11 可得，自尊对孤独感有负向预测作用，其方程式为：

自尊 =49.27−0.44* 孤独感；自尊对亲社会行为倾向中公开的、利他

的、依从的、情绪的和紧急的这五个维度有正向预测作用，其方程式为：自尊=13.43+0.06*公开的；自尊=19.80+0.07*利他的；自尊=6.53+0.03*依从的；自尊=19.80+0.08*情绪的；自尊=9.52+0.03*紧急的。

注：** 表示在 $p \leqslant 0.05$ 水平显著相关

第四节　讨论分析

一、描述统计分析

（一）自尊在年级上的差异分析

自尊在年级上呈现极其显著的差异，其中，初一和初二的学生自尊水平比初三、高一学生的高，高一、高二和高三的学生自尊水平比初三学生的高，高二的学生自尊水平比高一学生的高。初一和初二的学生自尊水平比初三、高一的学生高，出现这种差异可能是因为自尊发展的转折期在初中阶段，个体的认知能力、自我意识等比小学时期都得到较快的发展，抽象逻辑思维占主导地位，产生成人感，独立意识增强，这些方面有利于促进少年时期的自尊发展，所以在初中时期自尊水平较高。到了高中阶段，个体在生理、心理和社会性上都更接近于成人，出现辩证思维，也形成了理智的自我意识，因此自尊水平的发展也在逐步提高。根据以往研究发现，虽然随着个体年龄的增长，自尊水平在某些阶段有下降趋势，但大多自尊理论认为个体自尊总体上的发展水平应该随着个体的成长发育成熟和认知发展水平、各个方面的能力而提高，个体的自尊处于逐渐成熟的稳定上升的趋势，这也与此次的研究结论相一致。

（二）孤独感在年级上的差异分析

孤独感在年级上具有显著差异，即初三学生的孤独感最高，高于其他五个年级，初三、高一和高二学生的孤独感分别高于初一学生。在初中阶段，个体的发展呈现半成熟、半幼稚的特点，充满着独立性和依赖性等矛盾，社会高级情感处于发展的阶段，人际交往还很不成熟，初一的学生刚进入新校园，对周围一切充满了好奇，学校班级的团体活动也较多，给初一新生提供了较多人际交往的机会，通过逐渐适应环境和结识新朋友，初一新生的孤独感较低，而初三的学生和高中阶段的学生课业较繁忙，学校和班级组织的集体活动也较少，再加上来自学校、父母和社会的多重压力，使他们没有闲暇时间与朋友及父母交流自己的感受，来获得精神上的支持和心理上所需的安全感，因此较易产生孤独感。

（三）亲社会行为倾向在年级上的差异分析

亲社会行为倾向在年级上呈现显著差异，在公开的维度上，初一学生大于初三，初二学生大于初一、初三、高一、高二和高三，高一、高二和高三学生大于初三；在利他的维度上，初二学生大于初三、高一和高二；在依从的维度上，初一学生大于初三，初二大于初一、初三、高一和高二，高二大于初三；在情绪性维度上，初一学生大于初三，初二大于初一、初三、高一和高二；高一和高二学生大于初三；在紧急的维度上，初一学生大于初三和高一，初二大于初三、高一和高二。

从总体上来看，初一和初二的学生在亲社会行为倾向的五个维度上的得分比其他年级较高，这可能是因为，初中阶段的学生与高中阶段的学生相比，思维的独立性和批判性较弱，还没有形成稳定的价值观，道德发展水平处于柯尔伯格道德发展阶段中的习俗水平的第三个阶段，即寻求认可定向阶段，也称“好孩子”定向阶段。在该阶段，个体的道德价值以人际关系的和谐为导向，顺从传统的要求，所表现的道德行为也符合大家的意见，以谋求大家对其的赞赏和认可，寻求表扬，并会尽量按照教师和家长所说的好的行为去做，所以初一和初二的学生不论在哪个维度上所表现的亲社会行为倾向都较其他年级高。

在公开的、依从的、情绪的这三个维度上，高中生得分大于初三年级，这可能是因为：高中生的道德发展水平可能处在习俗水平中的遵守法规和秩序定向阶段和后习俗水平中的社会契约定向阶段这两个阶段，遵守法规和秩序定向阶段的学生服从社会规范，遵守公共秩序，尊重法律的权威，以法治观念判断是非；而处在社会契约定向阶段的学生，他们一方面认为法律和规范是大家商定的，法律可以帮助人维持公正，一方面也认识到个人应尽社会义务和责任的重要性。所以在公众场合或第三方看到的情况下和受助者的请求下他们会更多地帮助受助者，同时，高中阶段的学生其情绪情感具有延续性和感染性的特点，个人的情绪极易受到他人情绪的感染，有时，个体情绪又可演变为集体情绪，从而产生互动效应，因此高中阶段的学生可能会在自己的情绪在情景中被唤起，或者在他人助人的气氛中自己的情绪被感染的情况下，更易做出亲社会行为。

二、自尊、孤独感和亲社会行为倾向的相关及回归分析

自尊与孤独感呈显著负相关，自尊与亲社会行为倾向的六个维度都呈显著正相关。因此对自尊和孤独感、亲社会行为倾向分别作了回归分析，得出结论为自尊对孤独感有负向预测作用，自尊对亲社会行为倾向中公开的、利他的、依从的、情绪的和紧急的这五个维度有正向预测作用。这一结论与以往相关研究相一致，高自尊的学生其孤独感的体验较弱，而低自尊的学生其孤独感的体验较强[①]；高自尊的学生其亲社会行为倾向较高，低自尊的学生其亲社会行为倾向较低[②]；通过个体的自尊水平，可以有效地预测其孤独感和亲社会行为倾向的水平。

自尊是对于自我价值的评价，包括自我概念、自我意识和自我效能等成分，也是与社会价值相联系，是一种被需要被尊重的自我体验，它是个体在成长过程中所获得的对自我价值的一种情感体验。高自尊的个体对自己和自我价值有着较正面积极的评价和情感体验，他们通常有较高的自信，相信自己的能力，有较强的自我认同感，在人际交往中往往也表现得较为自信，具有良好的人际关系，因此孤独感的体验也较低；而低自尊的个体自我评价较低，可能会因此而不敢去参加团体活动，缺乏结交朋友的机会，或者在与他人交往中处于被动地位，因而孤独感的体验较高。

自尊水平越高的个体，可能越需要得到他人的认可和高度的评价，所以就会将自己的道德行为和品德按照社会和他人要求的方向去发展，更多地表现出亲社会的行为倾向，从而获得他人和社会的接受和赞赏，而这种接受和赞赏又会反过来强化个体对自我的评价。自尊水平较低的个体，往往对自己有负面的评价，低估自己的能力和个人价值，因此在亲社会行为中会表现出较多的退缩行为，那么会得到他人对自己的正面评价就越少，这样又会强化个体对自己的负性评价，形

① 罗贵明：《大学生社会支持、自尊与孤独感的中介模型研究》，载《宜春学院学报》，2018（1）。

② 李琳烨、张野、张珊珊：《五至六年级儿童自尊与亲社会倾向行为的研究》，载《黑龙江教育学院学报》，2017，36（12）：75-77。

成恶性循环。

三、结论

根据本研究对调查数据的处理和分析，可以得出以下结论：

1. 自尊在年级上呈现极其显著的差异，初一和初二的学生比初三、高一的自尊水平高，高一、高二和高三的学生比初三的学生自尊水平高，高二的学生比高一的自尊水平高。

2. 孤独感在年级上呈现出非常显著的差异，初三学生的孤独感最高，高于其他五个年级，初三、高一和高二学生的孤独感分别高于初一学生。

3. 亲社会行为倾向在年级上呈现显著差异，在公开的维度上，初一学生的亲社会行为倾向大于初三，初二学生亲社会行为倾向大于初一、初三、高一、高二和高三，高一、高二和高三学生的亲社会行为倾向大于初三学生；在利他的维度上，初二学生的亲社会行为倾向大于初三、高一和高二学生；在依从的维度上，初一学生的亲社会行为倾向大于初三学生，初二学生的亲社会行为倾向大于初一、初三、高一和高二学生，高二学生的亲社会行为倾向大于初三学生；在情绪性维度上，初一学生的亲社会行为倾向大于初三学生，初二学生的亲社会行为倾向大于初一、初三的学生、高一和高二的学生；高一和高二学生的亲社会行为倾向大于初三学生；在紧急的维度上，初一学生的亲社会行为倾向大于初三和高一学生，初二学生的亲社会行为倾向大于初三、高一和高二的学生。

4. 自尊与孤独感呈显著负相关，自尊与亲社会行为倾向的六个维度都呈显著正相关，进一步对自尊与孤独感和亲社会行为倾向分别作回归分析，即自尊对孤独感有负向预测作用，自尊对亲社会行为倾向中公开的、利他的、依从的、情绪的和紧急的这五个维度有正向的预测作用。

第七章

玉树藏族自治州震后儿童自尊、自我意识以及人格特点的研究

为了研究玉树州震后儿童的自尊、自我意识及其人格特点，我们调查了玉树藏族自治州某所孤儿学校的267名学生，采用文献法和调查法对其进行研究，结论发现：1.以自我意识为因变量，性别、年级、人格、自尊为自变量，进行回归分析，分析结果表明，灾后孤儿人格的内外向（E）对自我意识具有显著的正向预测作用，神经质（N）对自我意识具有显著的负向预测作用，掩饰性（L）对自我意识具有显著的正向预测作用，自尊对自我意识具有显著的正向预测作用。2.以自尊为因变量，性别、年级、人格、自我意识为自变量，进行回归分析，回归分析结果表明，灾后孤儿的性别对自尊具有显著的负向预测作用，自我意识对自尊具有显著的正向预测作用。

第一节　研究背景及意义

一、研究背景

（一）处境不利儿童主要表现在

对“处境不利儿童”群体的保护和救助已成为实现整个儿童群体权利保障的重要指标之一。所谓处境不利，是指个体在经济状况、社会地位、权益保护、竞争能力等方面处于相对困难与不利境地的生存和发展状态。2010年《莫斯科行动纲领》再次强调，要采取具有创造性的措施以确保贫困儿童、处境不利的儿童、残疾儿童接受一定质量的儿童保护和教育，此外，还要采取措施保证处于冲突和疾病等危险境地中的儿童的发展。“处境不利儿童”可大致分为四类：社会处境不利儿童、家庭处境不利儿童、学校处境不利儿童，其他一些边缘儿童。其中，社会处境不利儿童又可分为四类：贫困儿童、社会转型过渡时期的处境不利儿童、灾区儿童、少数民族儿童。本研究以青海省玉树藏族自治州灾后儿童即社会处境不利儿童中的灾后孤儿（同时也是少数民族儿童）为例，来研究“灾后孤儿”的人格、自尊、自我意识状况，自我意识和自尊之间的关系。

（二）玉树地震事件

2010年4月14日上午7时49分，青海省玉树地区发生7.1级强烈地震，人民群众生命财产遭受严重损失。在党中央、国务院和中央军委的坚强领导下，灾区广大干部群众奋起自救，社会各界积极支援，全力抢救生命，及时救治伤员，妥善安置群众，恢复正常社会秩序，取得了抗震救灾的重大阶段性胜利。

玉树地震给灾区人民生命财产造成了重大损失。截至2010年5月30日18时，遇难2698人，失踪270人。居民住房大量坍塌，学校、医院等公共服务设施严重损毁，部分公路沉陷、桥梁坍塌，供电、供水、通信设施遭受破坏。农牧业生产设施受损，牲畜大量死亡，商贸、旅游、金融、加工企业损失严重。山体滑坡崩塌，生态环境受到严重威胁。

玉树地震波及范围涉及青海省玉树藏族自治州玉树、称多、治多、杂多、囊谦、曲麻莱县和四川省甘孜藏族自治州石渠县等 7 个县的 27 个乡镇，受灾面积 35862 平方公里，受灾人口 246842 人。此次地震为里氏 7.1 级特大浅表地震。

地震，是地球上所有自然灾害中给人类社会造成损失最大的一种地质灾害。破坏性地震，往往在没有什么预兆的情况下突然来临，大地震撼、地裂房塌，甚至摧毁整座城市，并且在地震之后，火灾、水灾、瘟疫等严重次生灾害更是雪上加霜，给人类带来了极大的灾难。据统计，全球每年要发生 500 万次左右地震，虽然大部分地震因为发生在海洋或地壳深处或是因为震级太小而不被人察觉到，但每年仍有不少地震给灾区人民带来巨大的生命财产损失。

地震作为一种常见的自然灾害，会给经历者的身心带来极大的伤害，这种伤害是永久性的，不可弥补的。相较于成人，地震给青少年带来的伤害更是不可预计的。青少年时期正是塑造一个人人生的关键时期，这个时期的青少年需要来自家庭的温暖，来自社会的保护以及良好的教育。地震这种破坏性巨大的自然灾害会带走无数宝贵的生命，使很多需要家庭呵护的青少年成为孤儿。经历过地震灾害的孤儿，没有了父母，缺少了家庭的呵护，这对于他们的成长有着毁灭性的伤害。由于青少年时期是最容易出现心理和行为异常问题的时期，灾后孤儿与普通青少年相比更易出现各种心理问题和不良情绪。因此，本研究认为对灾后孤儿的心理进行调查研究是十分有必要的，以便政府和国家做出预防和干预措施。

二、相关概念界定及国内外研究现状

（一）人格

人格是人的性情、气质、能力等特征的总和。蔡元培《普通教育和职业教育》:“所谓健全的人格，内分四育，即（一）体育，（二）智育，（三）德育，（四）美育。”闻一多《〈李白之死〉序》:“此诗所述亦凭臆造，无非欲借以描画诗人的人格罢了。”老舍《四世同堂》二五 :“他体味教育不仅是教给学生一点课本上的知识，而也需要师生间的感情的与人格的接触。”

人格（personality），又译为性格，指人类心理特征的整合、统一体，是一个相对稳定的结构组织。并在不同时间、地域下影响着人的内隐和外显的心理特征和行为模式。人格是指一个人与社会环境相互作用表现出的一种独特的行为模式、思维模式和情绪反应的特征，也是一个人区别于他人的特征之一。在心理学中，还经常运用“个性”这一词表达人格的概念，所谓个性，就是个别性、个人性，就是一个人在思想、性格、品质、意志、情感、态度等方面不同于其他人的特质。

心理学中人格是探讨个体与个体差异的领域。人格包括了两部分的内容：性格与气质。性格是指人稳定个性的心理特征，表现在人对现实的态度和相应的行为方式上。性格从本质上表现了人的特征，而气质就好像是给人格打上了一种色彩、一个标记，性格可分类为人类天生的共同人性与个体在后天环境与学习影响下所形成的独特个性。气质是指人的心理活动和行为模式方面的特点，赋予性格光泽。气质和性格构成了人格。西方语言中“人格”一词（例如法文的personnalite、英文的 personality），多源自拉丁文的 persona，即“面具”，暗示了“人格”的社会功能。人格更是体现了一个人的特点和与众不同。万千世界，自然由不同的人格元素组合成了一个个性格迥异的个体。

还有一些说法认为，所谓的人格指的是个体在适应环境的过程中逐渐形成并且慢慢表现出来的一种比较稳定的个人特点或行为模式，它是个体在和环境交互作用的过程中形成的内部心理世界的组织和结构。[①] 也就是说人格实际上是一种结构化了的内在的系统，人格的形成是在遗传因素的基础之上，通过个体和后天环境之间相互的作用而逐渐形成的。由于个体内心的自我认同及其对外界环境的知觉与组织的方式具有保持相对的稳定性，因此人格被认为是个体心理结构中最稳定的因素。[②]

（二）自我意识

心理学家们开始对自我意识的探讨始于法国哲学家笛卡尔提出自我意识这一概念。1890 年之前，学者们对于自我意识的探讨都在哲学思辨阶段，詹姆斯·W（James.W）最早在 1890 年的《Psychological Theory》中提出自我意识也是个体发展过程中重要的一部分。他将自我明确分为两个部分，即主体我（自我的主

① 王登峰、崔红:《解读中国人的人格》，1-3 页，北京，社会科学文献出版社，2005。
② 罗茂嘉、王庆:《玉树灾区藏族中学生心理复原力与人格的研究》，载《赤峰学院学报（自然科学版）》，2012，28（5）: 107-109。

动部分）和客体我（自我的被动部分）。主体我的任务是认识、调节、指挥个体活动，客体我则是被注意、知觉和思考的对象。个体自我意识具体表现为对自身外貌、能力、性格特征的认识，对自己在他人眼中的形象、身份、地位的理解等。自我意识（self-awareness），也叫自我认知（self-cognition）或自我，是一种多维度、多层次的复杂心理现象。自我意识主要是由以下三种心理成分构成：自我认识、自我体验以及自我控制。自我认识、自我体验和自我控制之间互相联系、互相制约，并且这三者统一于某个个体的自我意识当中。从不同的部分入手，可以发现自我意识的表现是不同的。当我们从认识形式入手，会发现自我意识表现为自我感觉、自我观察、自我分析和自我批评，这个部分的种种表现可以被统一称作自我认识；当我们从情绪形式入手，会发现自我意识表现为自我感受、自我喜爱、自我尊重、自我否定、个体所具有的责任感、优越感及义务感等，这个部分的种种表现可以被统一称作自我体验；当我们从意志形式入手，会发现自我意识表现为对于自我的激励、控制、保护、约束等，这个部分的种种表现则被统一称作自我控制。

自我意识是对自我身心活动的觉察，即自己对自己的认识，具体包括认识自己的身体状况（如身高、体重、体态等）、心理特征（如兴趣、能力、气质、性格等）以及自己与他人的关系（如自己与周围人们相处的关系，自己在集体中的位置与作用等）。

自我意识是人们对自己身心状态及对自己同客观世界的关系的意识。自我意识包括三个层次：对自己及其状态的认识；对自己肢体活动的认识；对自己思维、情感、意志等心理活动的认识。自我意识不仅是人脑对主体自身的意识与反映，而且人的发展离不开周围环境，特别是人与人之间关系的制约和影响，所以自我意识也反映人与周围现实之间的关系。自我意识具有意识性、社会性、能动性、同一性等特点。

自我意识的发展特点：梅（May）的存在分析理论将自我意识划分为环环相扣的四个时期，分别的婴儿期（出生到两三岁）、反叛时期（两三岁到成年之前）、自我意识阶段、创造性的自我意识阶段，并且每个时期都有其特点和规律。第一个时期潜能在这个时期内个体的自我意识还没有形成，其他潜能也没有苏醒，第二期时期是不断寻求并建立内在力量，然后是第三时期，此时期内的个体意识开始形成，个体能够理解自身错误，并避免以后再犯同类错误。但有学者指出这个时期内的自我意识仅仅是初级水平，人格也未达到真正意义上的成熟。最后一个时期是自我意识创造性发展的成熟期，在这个时期内，个体能够突破限制，并能意识到事情的真相，并体验到类似马斯洛自我实现层次的高峰体验。自我意识在发展中趋于完善。弗里曼研究发现，儿童自我意识的发展呈波浪式渐进型，初中到大学阶段是上升态势，大学到中年也是上升态势，而小学到初中，大学毕业后、中年以后这些阶段则是下降趋势。他还指出自我意识的发展是复杂多变的，不同的时间、幅度因自我意识内容不同而呈现出多样化形式。马士利用自编的儿童自我意识量表（SDQ）对 6 到 18 岁的儿童进行调查，结果发现这些儿童的自我意识在七到九年级开始出现下降，随后的三年内开始回升，总体呈现 U 型特点，11 到 14 岁是自我意识浮动范围的下限。

另外，我国香港地区学者 辛吉（Sing）在 20 世纪末的调查显示，一到五年级的学生自我意识处于下降阶段，并呈现年级差异，具体表现为一到三年级呈现急剧下降特点，三到五年级下降趋势比较舒缓。

（三）自尊

在国外，美国心理学家 W. 詹姆斯（W. James）是第一个给自尊进行系统定义的。他在《心理学原理》一书中提出自尊 = 成功（Successes）/ 抱负水平（Pretensions）。他认为，个人对自我价值的感受可以看作实际成就与其潜在能力两者的比值。他还认为，抱负是指个体内心的标准，被看作是极其重要的、非常希望达到的水平。个体的较高的自尊水平可以通过提高其成功水平或降低其抱负水平来实现。美中不足的是，他只提到了影响自尊程度的因素，却没有指出自尊的内涵到底是什么。1967 年，库珀史密斯（S. Coopersmith）在《自尊的前提》中认为自尊是指个体对自己所持有的一种肯定或否定的态度，这种态度表明个体相信自己是成功的（successful）、有价值的（worthy）、有能力的（capable）、重要的（significant）。H. 马仕（ H. Marsh）认为：自尊是知觉到的现实自我特点与自我评价这个指标之间相互对比的结果。M. 罗森伯格（M. Rosenberg ）持有这样的观点，他认为自尊可以表明感觉到的个体的现实自我状态和理想自我状态之间的差异。N. 布兰登（N. Branden）在《自尊的六大支柱》中将自尊定义为个体应对生活基本挑战时的自信体验，以及坚信自己拥有幸福生活权力的意志，自我效能和自爱两大部分构成了自尊。它对人们的生活有本质的促进作用。斯蒂芬哈芬（Steffenhafen）将自尊界定为个体知觉到的自我的总和，心理方面的自我概念、身体方面的自我意象和文化方面的社会概念是自尊的三大部分。

国外最晚对自尊概念进行梳理的是克里斯托弗（ Christopher J.Mruk）。他的归纳也是比较全面的一次。他采用现象逻辑学的方法，以时间为线索，对之前出现并经历历史考验的概念和定义又一次进行了全面的归纳，指出自尊的基本结构包含三个方面，分别是自尊的基础成分、自尊的存在特性和自尊的动态性。

自尊的发展特点：西蒙斯（Simmons ）和 罗森伯格（Rosenberg ）两人指出自尊比较稳定的一个阶段是小学五、六年级，在对自尊的研究过程中，最早提出自尊这一概念的是 W. 詹姆斯（W. James，1890），他认为一个人的自尊是与这个人所取得的成就呈现正比关系，而与这个人对于自身的期望呈现反比关系，并在此基础上以一个公式更加直接地呈现出了自尊与成功和抱负的关系，这个公式是：自尊 = 成功 / 抱负。从中可知，对于一个个体自尊造成重要影响的并不是该个体在某件事情上得到的实际结果，而是该个体对于自身在某一事件上获得的结果的认知，也就是该个体对于获得的结果是否重要以及重要程度的主观评价。奥斯本（Osborne，1993）经过研究后提出的观点是，自尊实际上是一种与自身有关的比较持久和稳定的正性、积极的或者负性、消极的感受和体验，当个体带着这种感受或者体验遭遇或者解释其日常生活中的其他的成功和失败的经历时，该个体会在此基础上产生更加正性或更加负性的感受和体验。姆鲁克（Mruk，1999）提出，自尊是指个体在应对生活挑战时，其个人能力以及个人价值在当下的存在状态。在这一定义中，价值和能力成为了构成或评价自尊的两个基本维度。马克（Mark，2000）经过研究发现，自尊实际上指的是某个个体对自身所具有的价值的一个评估，其中，总体自尊指的是该个体对于自身总体价值的一个判断和评估，而特定自尊指的是该个体对自身在某个特定领域内的价值的一个判断和评估。朱智贤（1989）提出自尊是社会的评价与个人的需要之间关系的一个反映。林崇德认为自尊指的是个体的自我意识中有评价意义的部分，自尊是与自尊需要联系在一起的，是个体对于自身态度的一种体验，同时自尊也是个体心理健康的一个重要的指标。

结合大量研究以及相关论述，得出关于自尊的如下定义：自尊是个体基于自我监督和评价形成的一种对于自我的重视、对于自我的喜爱、对于自我的尊重，并且要求来自他人、团体以及社会尊重的情绪情感的体验。自尊是人格中关于自我调节结构的心理成分。自尊的程度和水平有强弱之分，自尊过强容易发展成为虚荣心，而自尊过弱则容易发展成为自卑。[①] 除此之外，对于自尊的解释还有：自尊指的是个体对于其在社会上所扮演的角色进行了自我评价这一过程之后得到的结果。也有观点认为，自尊是对自己的综合价值的肯定。自尊受社会比较、他人评价以及自己做事成败的自我肯定这三个因素的影响。

自尊，指的是“自我尊重，尊重自己，也指自己的尊严”。一般认为这是做人所必需的一种心理品质，也是社交所需要把握的底线。心理学家认为，自尊是通过社会比较形成的。每个人都有了解自己的需要，都需要知道自己在团体或社会中所处的位置，从而体会自身的价值。有时候，可以通过某些客观的参照标准来了解自己。但是，大多数时候，没有这种可供参照的客观标准，而只能通过与他人比较才能估价自己。在心理学上，自尊感可以是个体对自我形象的主观感觉，可以是过分的或不合理的。一般来说，心理健康的人自尊感比较高，认为自己是一个有价值的人，并感到自己值得别人尊重，也较能够接受个人不足之处。形成自尊感的要素有安全感、个人感、归属感、使命感、成功感，这些因素都与个体所处的外界环境有关。是个体由肯定的自我评价引起的自爱、自重、自信及期望受到他人、集体、社会尊重与爱护的心理。

三、研究意义

玉树地震是一场突发的、强烈的、具有震撼性的自然灾难性事故，是导致十几万灾民出现不同程度暂时心理失衡的应激源。灾民虽然脱离了生命危险，基本生存条件有了保障，但仍处于心理危机状态之中，在生理、心理、行为方面呈现出典型的创伤后急性应激反应。极少数人开始出现异常，表现出“创伤后应激障碍”（post-traumatic stress disorder，PTSD）症候。无情的灾难不仅给我们带来物质损失，灾害后，人们往往还会产生一系列负面的情绪、认知、行为和生理变化，如悲伤、焦躁、易怒、思维迟钝、紧张、恶心等心理问题。如果不能加以控制，不对一部分敏感人群进行及时的心理干预、疏导和治疗，人们就很难从

① 林崇德等编：《心理学大辞典》，1783 页，上海，上海教育出版社，2003。

心理创伤中恢复，严重的甚至会出现自杀等极端行为。儿童的自我意识和自尊影响儿童心理健康水平，也会影响儿童的生活和学习状态。儿童的心理健康和身体健康一样重要，都不可忽视，都关乎儿童的未来。我国社会正逐渐步入知识经济时代，对自己有个正确的认知和评价很重要。国内关于自我意识和自尊关系的理论研究并不多，研究对象是小学儿童的更是寥寥无几。青少年的心理本身就有着比较大的不稳定性，经历过地震灾害的青少年如果心理问题不能得到及时的重视与治疗，则会很容易走向偏激，产生一系列的心理问题，这不但不利于青少年的成长，还会影响社会的发展和进步。对于灾后孤儿群体心理状况的调查和分析，有助于了解并进一步研究我国西北部地区灾后孤儿心理发展特点。研究孤儿的人格、自我意识以及自尊，分析其中的关系，提出有针对性的对策和建议，能够为今后可能的研究和干预提供资料。因此，进一步深入地分析和研究灾后孤儿的心理状态以及影响因素，无论从理论层面还是从实践层面都对受灾群众的心理健康发展以及受灾地区的社会良好建设有着积极的促进作用。

第二节　研究设计

一、研究方法

文献法：也称历史文献法，即搜集和分析研究各种现存的有关文献资料，从中选取信息，以达到某种调查研究目的的方法。它所要解决的是如何在浩如烟海的文献群中选取适用于课题的资料，并对这些资料作出恰当分析和使用。

调查法：为了达到设想的目的，制定某一计划，全面或比较全面地收集研究对象的某一方面情况的各种资料，并作出分析、综合。它的目的可以全面把握当前的状况，也可以是为了揭示存在的问题，弄清前因后果，为进一步的研究或决策提供观点和论据。本研究中，主要是利用调查法收集青海省玉树藏族自治州某所学校地震灾后孤儿的心理状况，主要采用了问卷调查的方法，由心理学研究生担任主试，所有被试知情同意后开始实名填写，以班级为单位进行集体施测，当场发放和回收问卷。

二、研究工具

艾森克人格量表（EPQ）儿童版：由英国心理学教授艾森克及其夫人编制，从几个个性调查发展而来。皮尔斯－哈里斯（Piers-Harris）儿童自我意识量表（PHCSS）：由美国皮尔斯与哈里斯（Piers Ev & Horris DB）心理学家 DBEV 及 Piersharris 于 1969 年编制，1974 年修订的儿童自评量表。Rosenberg 罗森博格自尊量表（RSES）：自尊部分的测量选用罗森博格 1965 年编制的自尊量表，原用来评价青少年关于自我价值和自我接纳的总体感受，这里用以评定灾后孤儿的整体自尊水平。研究表明，该量表具有良好的信度和效度。

三、研究对象

研究以青海省玉树藏族自治州某所孤儿学校的 267 名学生为被试，其中包括三年级到八年级共 6 个年级。男生 114 人，占总人数的 42.7%；女生 144 人，占总人数的 53.9%；未填写性别 9 人，占总人数的 3.4%。被试的人口统计学情况见表 7-1。需要特别说明的是，在之后与性别有关的统计检验以及数据分析中，9 名未填写性别被试的数据被剔除，不参与分析和计算；在总计的部分，9 名未填写性别被试的数据参与分析和计算被试的人口统计学情况分布表。

表 7-1　被试的人口统计学情况分布表

类别		人数	百分比（%）
性别	男	114	42.7
	女	144	53.9
	未填写性别	9	3.4
年级	三年级	36	13.5
	四年级	50	18.7
	五年级	29	10.9
	六年级	48	18.0
	七年级	61	22.8
	八年级	43	16.1

四、研究目的

我国青海玉树州是一个自然灾害多发的地方。自然灾害发生之后，除了对于灾区人员、财产的救援之外，心理援助已经成为一个不容忽视，甚至是相当重要的部分。因此，研究灾后人群的心理特点能够为以后的灾区心理问题的预防和干预提供客观的科学依据。孤儿是受灾群众中一个最重要也最特殊的群体，这些孩子过早地失去了家庭和亲人，进而缺少了家庭教育这个对儿童身心发展有重大影响的环节，这种缺失可能对儿童的心理健康发展造成不良影响。因而，应对孤儿的人格、自我意识及自尊进行研究，全面了解孤儿心理的同时针对研究中的结果提出相应建议，以便更加完善地处理孤儿心理问题，促进孤儿健康成长。许多学者关于自我意识的研究表明，不同地区儿童的自我意识、自尊水平有显著的差异，近年来，我国特别重视少数民族儿童的心理健康，对少数民族儿童的教育也非常重视。玉树藏族自治州作为青海藏族聚居的地方，由于其特殊的自然条件，又经历过自然灾害，我们通过对玉树州小学 3-6 年级儿童自我意识和自尊的调查分析，发现玉树藏族自治州儿童自我意识与自尊之间的相互关系以及他们的特点，以期给教师开展心理健康教育提供灵感、方法和思路。

五、研究假设

根据现有研究，本研究提出的假设如下：

1. 与一般儿童相比，灾后孤儿在人格、自我意识和自尊方面发生了变化，且这三者之间存在一定的联系。

2. 不同年级与不同性别的灾后孤儿之间在人格、自我意识以及自尊方面是存在差异的。

六、统计处理

对所回收的问卷进行初步的整理、编号，之后将数据根据编号输入计算机，采用 SPSS21.0 统计软件进行数据管理和分析，本研究中使用了独立样本 t 检验方差分析，LSD 事后检验，多元回归分析（强迫进入法）。

第三节　研究结果

一、灾后孤儿人格和自尊的描述性统计分析

（一）灾后孤儿人格性别差异分析

为了考察不同性别以及不同的年级的被试在人格方面是否有差异，采用独立样本 t 检验的方法，结果见表 7-2 和表 7-3。

表 7-2　灾后孤儿人格的性别差异性分析

	男（$M \pm SD$）	女（$M \pm SD$）	显著性检验值	显著性值
P	53.62 ± 12.288	58.11 ± 15.576	−2.559	0.011
E	39.02 ± 12.427	40.86 ± 10.811	−1.255	0.210
N	52.81 ± 9.391	52.18 ± 9.675	0.524	0.601
L	49.29 ± 7.880	47.50 ± 10.619	1.531	0.139

注:* 表示 $p<0.05$,** 表示 $p<0.01$,*** 表示 $p<0.000$(下同);精神质(P);内外向(E);神经质（N）; 掩饰性（L）

如表 7-2 所示，分析艾森克人格量表（EPQ）儿童版的测试结果发现：性别不同对精神质得分产生影响（$p<0.05$），性别不同对内外向得分、神经质得分以及掩饰性得分均未产生影响（$p>0.05$）。

（二）灾后孤儿人格年级差异性分析

表 7-3　灾后孤儿人格的年级差异性分析

	年级	N	M ± SD	F	p	LSD 事后检验 3	4	5	6	7	8
P	3	32	68.91 ± 21.987	17.196	0.000	—	$3>4^{*}$	$3>5^{***}$	$3>6^{***}$	$3>7^{***}$	$3>8^{***}$
	4	47	63.19 ± 12.266				—	$4>5^{***}$		$4>7^{***}$	$4>8^{***}$
	5	28	48.39 ± 7.583					—	$5<6^{**}$		
	6	46	58.15 ± 12.621						—	$6>7^{**}$	$6>8^{**}$
	7	58	50.52 ± 8.568							—	
	8	41	48.90 ± 9.388								—
E	3	32	40.47 ± 11.455	7.607	0.000	—	$3>4^{*}$				$3<8^{*}$
	4	47	34.36 ± 10.613				—			$4<7^{***}$	$4<8^{***}$
	5	28	39.11 ± 10.976					—			$5<8^{**}$
	6	46	36.20 ± 11.214						—	$6<7^{**}$	$6<8^{***}$
	7	58	43.53 ± 10.088							—	
	8	41	46.22 ± 11.335								—
N	3	32	56.25 ± 10.395	5.358	0.000	—		$3>5^{***}$		$3>7^{*}$	$3>8^{*}$
	4	47	55.00 ± 8.534				—	$4>5^{***}$		$4>7^{*}$	
	5	28	45.71 ± 5.563					—	$5<6^{***}$	$5<7^{*}$	$5<8^{*}$
	6	46	53.70 ± 7.633						—		
	7	58	51.03 ± 10.377							—	
	8	41	51.83 ± 10.354								—

续表

	年级	N	M ± SD	F	p	LSD 事后检验 3	4	5	6	7	8
L	3	32	39.38±13.365	13.799	0.000	—	3<4*	3<5***	3<6***	3<7***	3<8***
	4	47	44.47±6.934				—	4<5***	4<6**	4<7***	4<8**
	5	28	53.93±5.987					—	5>6*		5>8*
	6	46	49.46±8.112						—		
	7	58	51.90±6.611							—	
	8	41	49.39±9.500								—

（* 表示在 p ≤ 0.05；** 表示在 p ≤ 0.01；*** 表示在 p ≤ 0.001）

如表 7-3 所示，分析艾森克人格量表（EPQ）儿童版的测试结果发现不同的年级在艾森克人格量表（儿童版）的四个分量表上均有显著性差异（P<0.000），为进一步分析显著性差异来自于哪两个年级，采用 LSD 事后检验进行年级间差异性分析，结果发现：年级不同对精神质得分、内外向得分、神经质得分、掩饰性得分均产生影响。在 267 名被试中，P 量表的得分从高到低依次为：三年级、四年级、六年级、七年级、八年级、五年级；E 量表的得分从高到低依次为：八年级、七年级、三年级、五年级、六年级、四年级；N 量表的得分从高到低依次为：三年级、四年级、六年级、八年级、七年级、五年级；L 量表的得分从高到低依次为：五年级、七年级、六年级、八年级、四年级、三年级。图 7-1 更为形象地表现出了不同的年级在艾森克人格量表（EPQ）儿童版各分量表上得分的变化趋势。

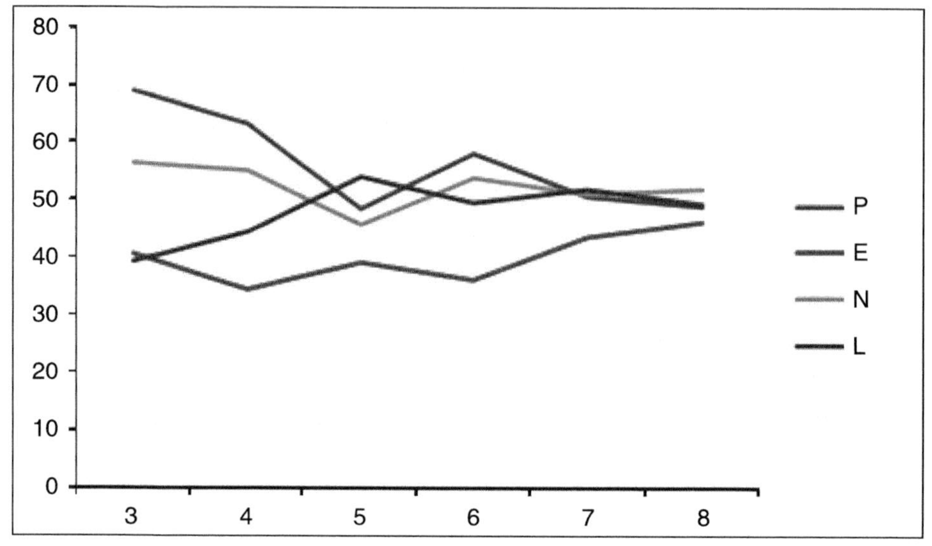

图 7-1 不同年级被试在艾森克人格量表（EPQ）儿童版分量表得分上的变化趋势

（三）灾后孤儿自我意识的性别差异性分析

为了考察不同性别以及不同年级的被试在自我意识方面是否有差异，采用独立样本 t 检验的方法，结果见表 7-4 和表 7-5。

表 7-4 灾后孤儿自我意识的性别差异性分析

	男 $M \pm SD$	女 $M \pm SD$	t	p
自我意识总分	46.39 ± 8.627	46.44 ± 9.447	−0.037	0.970
行为	10.12 ± 2.828	10.51 ± 2.588	−1.165	0.245
智力与学校情况	8.94 ± 2.590	8.81 ± 3.070	0.366	0.715
躯体外貌与属性	6.38 ± 2.665	5.74 ± 2.990	1.749	0.081
焦虑	8.61 ± 2.775	8.35 ± 2.953	0.705	0.481
合群	7.29 ± 2.155	7.99 ± 2.093	−2.597	0.010
幸福与满足	5.83 ± 1.959	5.63 ± 2.019	0.799	0.425

如表 7-4 所示，分析 Piers-Harris 儿童自我意识量表（PHCSS）的测试结果发现：性别不同对合群分量表得分产生影响（$p<0.05$），性别不同对自我意识量表总分、行为分量表得分、智力与学校情况分量表得分、躯体外貌与属性分量表得分、焦虑分量表得分以及幸福与满足分量表得分均未产生影响（$p>0.05$）。

表 7-5　灾后孤儿自我意识的年级差异性分析

						LSD 事后检验					
	年级	*n*	$M \pm SD$	*F*	*p*	3	4	5	6	7	8
P	3	32	68.91±21.987	17.196	0.000	—	$3>4^{*}$	$3>5^{***}$	$3>6^{***}$	$3>7^{***}$	$3>8^{***}$
	4	47	63.19±12.266				—	$4>5^{***}$		$4>7^{***}$	$4>8^{***}$
	5	28	48.39±7.583					—	$5<6^{**}$		
	6	46	58.15±12.621						—	$6>7^{**}$	$6>8^{**}$
	7	58	50.52±8.568							—	
	8	41	48.90±9.388								—
E	3	32	40.47±11.455	7.607	0.000	—	$3>4^{*}$				$3<8^{*}$
	4	47	34.36±10.613				—			$4<7^{***}$	$4<8^{***}$
	5	28	39.11±10.976					—			$5<8^{**}$
	6	46	36.20±11.214						—	$6<7^{**}$	$6<8^{***}$
	7	58	43.53±10.088							—	
	8	41	46.22±11.335								—
N	3	32	56.25±10.395	5.358	0.000	—		$3>5^{***}$		$3>7^{*}$	$3>8^{*}$
	4	47	55.00±8.534				—	$4>5^{***}$		$4>7^{*}$	
	5	28	45.71±5.563					—	$5<6^{***}$	$5<7^{*}$	$5<8^{*}$
	6	46	53.70±7.633						—		
	7	58	51.03±10.377							—	
	8	41	51.83±10.354								—

续表

	年级	n	M ± SD	F	p	LSD 事后检验 3	4	5	6	7	8
L	3	32	39.38 ± 13.365	13.799	0.000	—	3<4*	3<5***	3<6***	3<7***	3<8***
	4	47	44.47 ± 6.934				—	4<5***	4<6**	4<7***	4<8**
	5	28	53.93 ± 5.987					—	5>6*		5>8*
	6	46	49.46 ± 8.112						—		
	7	58	51.90 ± 6.611							—	
	8	41	49.39 ± 9.500								—

（* 表示在 p ≤ 0.05；** 表示在 p ≤ 0.01；*** 表示在 p ≤ 0.001）

如表 7-5 所示，分析 Piers-Harris 儿童自我意识量表（PHCSS）的测试结果发现，不同的年级在自我意识量表的总分以及六个分量表上均有显著性差异。同样，为进一步分析显著性差异来自于哪两个年级，采用 LSD 事后检验进行年级间差异性分析，结果发现：不同年级对自我意识量表总分、行为分量表得分、智力与学校情况分量表得分、躯体外貌与属性分量表得分、焦虑分量表得分、合群分量表得分以及幸福与满足分量表得分均产生影响。在 267 名被试中，自我意识量表总分从高到低依次是：五年级、七年级、八年级、三年级、六年级、四年级，行为分量表得分从高到低依次是：八年级、七年级、五年级、四年级、六年级、三年级，智力与学校情况分量表得分从高到低依次是：五年级、七年级、三年级、四年级、六年级、八年级，躯体外貌与属性分量表得分从高到低依次是：五年级、三年级、四年级、六年级、七年级、八年级，焦虑分量表得分从高到低依次是：五年级、七年级、八年级、三年级、四年级、六年级，合群分量表得分从高到低依次是：五年级、八年级、七年级、三年级、六年级、四年级，幸福与满足分量表得分从高到低依次是：五年级、七年级、八年级、六年级、四年级、三年级。下图更为形象地表现出了不同的年级在 Piers-Harris 儿童自我意识量表（PHCSS）总分及各分量表上得分的变化趋势：

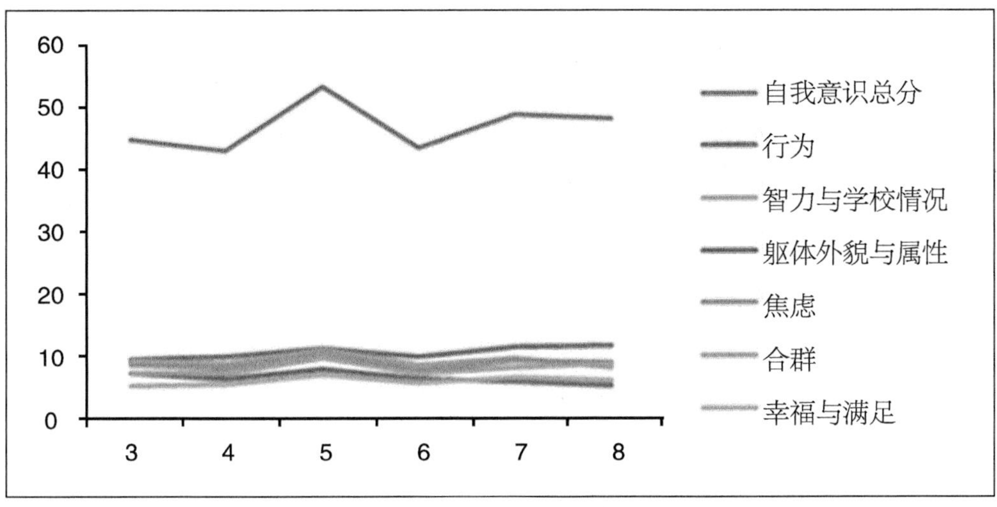

图 7-2　不同的年级被试在自我意识量表总分及六个分量表得分上的变化趋势

（四）灾后孤儿自尊差异的比较

为了考察不同性别以及不同年级的被试在自尊方面是否有差异，采用独立样本 t 检验的方法，结果见表 7-6 和表 7-7。

表 7-6　灾后孤儿自尊的性别差异性分析

	男 $M \pm SD$	女 $M \pm SD$	t	p
自尊总分	27.69 ± 3.785	26.80 ± 3.933	1.810	.072

如表 7-6 所示，分析 Rosenberg 罗森博格自尊量表（RSES）的测试结果发现：性别不同对自尊量表总分没有产生影响（$p>0.05$）。

表 7-7　灾后孤儿自尊的年级差异性分析

					LSD 事后检验					
年级	*n*	*M* ± *SD*	*F*	*p*	*3*	*4*	*5*	*6*	*7*	*8*
3	22	26.88 ± 133	2. 355	.041	—					
4	47	25.77 ± 3.164				—	4<5*	4<6**		4<8*
5	28	27.79 ± 2.601					—			
6	46	28.17 ± 3.199						—		
7	58	27.00 ± 4.596							—	
8	41	27.85 ± 4.413								—

* 表示在 p ＜ 0.05；** 表示在 p ＜ 0.01

如表 7-7 所示，分析罗森博格自尊量表（RSES）的测试结果发现不同的年级在自尊量表的总分上有显著性差异，同样，为进一步分析显著性差异来自于哪两个年级，采用 LSD 事后检验进行年级间差异性分析，结果发现：在自尊量表的总分上四年级与五年级、六年级、八年级在不同水平上差异显著，说明四年级在该项上与五年级、六年级、八年级存在差异，以上几个年级的不同对自尊量表得分产生影响。在 267 名被试中，自尊量表总分从高到低依次是：六年级、八年级、五年级、七年级、三年级、四年级。下图更为形象地表现出了不同的年级在罗森博格自尊量表（RSES）总分上的变化趋势

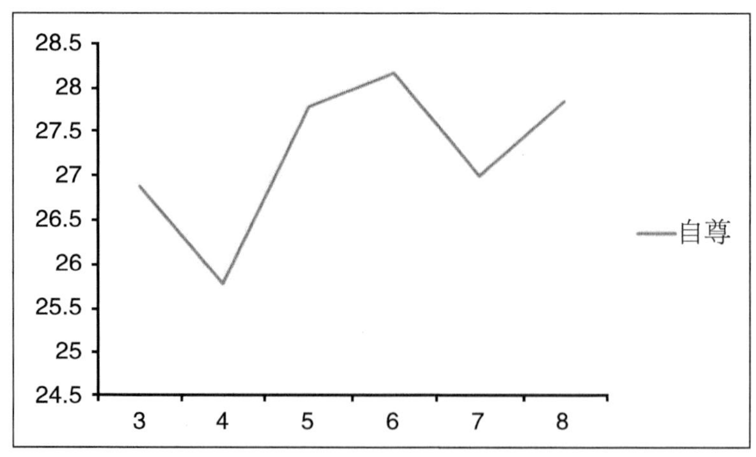

图 7-3　不同的年级被试在自尊量表得分上的变化趋势

二、灾后孤儿人格、自我意识以及自尊之间的关系

为了进一步确定人格、自我意识以及自尊之间的关系，同时考虑到性别和年级可能造成的影响，分别以自我意识和自尊为因变量，性别、年级、人格、自尊和自我意识总分为自变量，进行回归分析，结果见表 7-8 和表 7-9。

表 7-8 对自我意识的回归分析

	B	*β*	*t*	*p*
截距	33.776		5.069	0.000
性别	0.724	0.040	0.793	0.429
年级	−0.569	−0.105	−1.875	0.062
P	−0.062	−0.097	−1.498	0.135
E	0.186	0.238	4.385	0.000
N	−0.320	−0.336	−6.044	0.000
L	0.234	0.246	4.019	0.000
自尊总分	0.596	0.255	4.923	0.000

注：R=0.652 R2=0.426；R：多元相关系数；R^2：多元相关系数的平方

从表 7-8 中可以看出，性别、年级、艾森克人格量表（EPQ）儿童版 P 量表得分、E 量表得分、N 量表得分、L 量表得分以及自尊总分这几个自变量与自我意识的多元相关系数为 0.652，多元相关系数的平方为 0.426，表示这几个自变量共可解释自我意识变量 42.6% 的变异量。根据标准化回归系数可以看出，性别、E 量表得分、L 量表得分和自尊总分对自我意识的影响是正向的，年级、P 量表得分、N 量表得分对自我意识的影响是负向的。在回归模型中，对自我意识有显著影响的变量是 E 量表得分、N 量表得分、L 量表得分以及自尊总分。从标准化回归系数来看，几个显著回归系数的自变量中，β 系数绝对值都比较大，表示这几个变量对自我意识有较高解释力；性别、年级、P 量表得分的回归系数均未达显著，表示这几个变量对自我意识的变异解释甚小。

表 7-9 对自尊的回归分析

	B	*β*	*t*	*P*
截距	24.035		7.558	0.000
性别	−0.919	−0.118	−2.010	0.046
年级	0.048	0.021	0.311	0.756
P	−0.013	−0.047	−.606	0.545
E	0.020	0.058	0.879	0.380
N	−0.044	−0.108	−1.550	0.122
L	−0.010	−0.024	−.327	0.744
自我意识总分	0.152	0.354	4.923	0.000

注：R=0.451 R2=0.203

从表 7-9 中可以看出，性别、年级、艾森克人格量表（EPQ）儿童版 P 量表得分、E 量表得分、N 量表得分、L 量表得分、自我意识量表总分这几个自变量与自尊的多元相关系数为 0.451，多元相关系数的平方为 0.203，表示这几个自变量共可解释自尊变量 20.3% 的变异量。根据标准化回归系数可以看出，年级、E 量表得分和自我意识总分对自尊的影响是正向的，性别、P 量表得分、N 量表得分和 L 量表得分对自尊的影响是负向的。在回归模型中，对自我意识有显著影响的变量是性别以及自我意识总分。从标准化回归系数来看，两个显著回归系数的自变量中，自我意识总分的 β 系数绝对值较大，表示这个变量对自尊有较高解释力；年级、P 量表得分、E 量表得分、N 量表得分、L 量表得分的回归系数均未达显著，表示这几个变量对自尊的变异解释甚小，即预测作用不显著。

第五节 讨论分析

一、灾后孤儿人格、自我意识、自尊的特点和差异

在人格方面，258 名被试中，P 量表、E 量表和 L 量表的得分男生低于女生，

N 量表的得分男生高于女生。不同性别被试在艾森克人格量表（EPQ）儿童版四个分量表中，只有 P 量表即精神质得分在 0.05 水平上有显著差异，也就是说，男生相比女生在精神质得分方面有差异，女生的精神质得分比男生高。其原因可能是女生天性较为敏感，对于一些不幸或不好的事情难以释怀，容易产生压力，导致压抑，又不能够自我排解，所以会有更多的负面情绪。女生对于灾害经历以及自己的孤儿身份较男性来说更为介意，其敏感度比男生高，而这两种不利的情况给女性带来了更多心理上的压力，使得她们的压力增大，无处、无法宣泄的情绪上的压力可能会导致她们的情绪受到压抑，从而使得她们有更多的负面情绪反应，甚至很有可能有暴力倾向等情况。

不同年级的被试在艾森克人格问卷（EPQ）儿童版四个分量表的得分中的变化趋势（图 7-1）是：精神质得分随着年级的增长表现为先下降后上升再下降，其原因可能是随着年级的增长，个体对于自己所经历的不幸有了更加理智的判断，在对负面情绪的控制方面较低年级的个体更加成熟和稳定，学校对他们的教育和他们自身的努力学习也为他们对于自己不幸经历的认识方面提供了帮助；内外向得分的变化趋势是：随着年级的增长先下降后上升再下降再上升，总体变化趋势较为平缓，由于三年级到八年级正是人格逐渐形成和趋向稳定的时期，这个时期的孩子在内外向的表现方面基本趋于稳定，其总体变化趋势只是有一个小幅度的波动；神经质得分的变化趋势是：随着年级的增长先下降后上升再下降，后期变化较为平缓，其原因可能是由于随着年级增长，个体的情绪情感更加丰富，逐渐进入青春期的各种变化可能导致了他们情绪上的不稳定，而后自我调整使得情绪逐渐恢复到较为稳定的状态；掩饰性得分的变化趋势是：随着年级的增长先上升后下降之后变化开始趋向平缓，其原因可能是因为随着年级增长，个体逐渐开始在意他人对于自身的评价，因此，他们在回答某些问题的时候，为了给别人留下更好的印象，会有一定的掩饰性，随着年龄的增长，他们会学着正视自己的不足，接受自己的不足，由于他们对于自身正确的认识，其掩饰性下降。

在自我意识方面，258 名被试中，自我意识量表总分，行为分量表、合群分量表得分男生低于女生，智力与学校情况分量表、躯体外貌与属性分量表、焦虑分量表和幸福与满足分量表得分男生高于女生。不同性别被试在自我意识量表总分以及六个分量表中，只有合群分量表得分在 0.05 水平上有显著差异，也就是说，性别不同对合群分量表得分产生影响。其原因可能是相较于男性而言，女性对于情感沟通、交流的需求更强，加之女性自身的生理特点和情绪特点，使得她们在团体中更有安全感和归属感。

不同年级的被试在自我意识量表总分以及六个分量表的得分中，呈现出的变化趋势（图7-2）是：自我意识总分随着年级增长先下降后上升再下降最后上升，其原因可能是随着年级的增长，个体对自身的认识以及自身同周围环境关系的认知有一个经历迷茫、波动到最后趋于稳定的过程。在五年级时自我意识水平达到一个高峰，这可能是因为在个体进入青春期之前的一段时间内，自我意识的发展已经历了一定的时间，而恰好又没有到达下一个发展时期，此时对于当下自我的感受和体验最为丰富和深刻。在六个分量表的得分上，整体呈现出一个较为平缓和一致的发展趋势，五年级亦是一个高峰。

在自尊方面，258名被试中，自尊量表总分男生高于女生。不同性别被试在自尊量表总分上未显示出显著的差异，性别不同对自尊得分未产生影响。

不同年级的被试在自尊量表总分上呈现出的变化趋势是：自尊总分随着年级增长先下降后上升再下降最后上升，其原因可能是，经研究证明四年级是个体在认知、情感、人格稳定性等方面经历一个巨大变化的时期，而自尊水平在此阶段可能会受到影响，导致相对较低的自尊水平出现，之后自尊水平会逐渐恢复。七年级左右时，个体逐渐开始进入青春期，对于自我的重新认识以及与他人关系的改变可能会导致较低自尊水平的出现，再往后随着个体的发展和成熟，自尊水平又逐渐恢复。

二、灾后孤儿人格、自我意识、自尊之间的关系

以自我意识为因变量，性别、年级、人格、自尊为自变量，进行回归分析，回归分析表明，灾后孤儿人格的内外向（E）对自我意识具有显著的正向预测作用，这可能是因为灾后孤儿越外向，那么从外界获得支持和帮助的可能性会越高，而这部分宝贵的支持和帮助将更有可能提升灾后孤儿的自我意识水平，让他们能更好地自我接纳、更清楚地了解自己；神经质（N）对自我意识具有显著的负向预测作用，这可能是因为灾后孤儿情绪越稳定越有可能更好地面对和处理与自我有关的种种信息以及评价，稳定、平静的情绪状态更利于形成良好的自我意识，从而不易在面对灾难等负性事件时丧失对于自我的客观评价和真实的自我体验；掩饰性（L）对自我意识具有显著的正向预测作用，这可能是因为在三年级

到八年级的灾后孤儿中，懂得掩饰的个体能够更谨慎地处理和平衡自我与外界的关系，同时，能够掩饰自己真实意图的个体在人际交往等方面具有更好的应对能力，此外，掩饰性的被试在回答问卷题目时也更倾向于选择那些表现出“更好状态”的选项，因此自我意识得分更高；自尊对自我意识具有显著的正向预测作用，这可能是因为自尊水平更高的个体更能够接纳自我、欣赏自我，因此这部分个体对自我的评价更高，自我体验也可能更加真实和具有满足感，所以自我意识水平也就更高。

以自尊为因变量，性别、年级、人格、自我意识为自变量，进行回归分析，回归结果表明，灾后孤儿的性别对自尊具有显著的负向预测作用，这可能是因为被试所处地区也有“重男轻女”的思想，使得女性被试同男性被试相比更自卑，也可能是因为同男性被试相比，女性被试的感情更加细腻丰富，更希望追求完美，对自己的要求也更加严格，导致自我接纳程度较低，因此自尊水平较低；自我意识对自尊具有显著的正向预测作用，这可能是因为更加接纳和欣赏自我的个体拥有更好的自我体验和对于自我的满足感，因此自尊水平较高。

三、对策和建议

灾后孤儿是受灾后人群中的一个极为特殊的群体，如何给他们做好心理预防和干预是一个需要高度重视的问题，根据本研究的结果，提出以下建议：

1. 由有治疗经验的精神科医生、心理咨询师、社会工作者、经过培训的社区或学校的心理健康服务志愿者组成的心理健康辅助机构赶往灾区，对灾后孤儿的心理进行救助，灾区地方救灾指挥部启动心理危机专业紧急指挥系统，实施管理，整合资源，共同工作，并做好后勤保证。

2. 学校以及相关的孤儿抚养机构吸收专业人才，开设心理健康教育课程，帮助灾后孤儿解决心理方面的困惑，加深他们对于自身心理状况的了解并使其掌握处理心理问题的基本措施和方法，使得灾后孤儿有能力自己解决部分心理问题，为他们健康成长和健全发展提供帮助。

3. 由于性别不同会在一定程度上影响灾后孤儿人格、自我意识和自尊的发展，因此，针对灾后不同性别孤儿的心理健康教育课应适当突出重点：对于男性，课程上可多练习社交技巧、加强人际交往能力，从而增强合群性；对于女性，课程上可多学习合理的情绪宣泄的方法，降低压力水平，同时多学习接纳自我的方法，逐步提升自尊。

4. 由于年级不同会在一定程度上影响灾后孤儿人格、自我意识和自尊的发展，因此，针对灾后不同年级孤儿的心理健康教育课应适当突出重点：对低年级儿童可多给他们教授关于学习的技能技巧，培养儿童的兴趣；当年级逐渐升高时，应注意增加与人际关系相关的学习，学习如何应对青春期的种种变化，学习如何看待自己、增进对自己的了解。

5. 有关部门同研究者一起开发制定一套针对灾后孤儿的中长期心理预防和干预的机制，并在实践中不断完善和创新，为以后的工作提供一套切实可行的系统的方案。

第八章

民和县留守儿童的同伴友谊质量、人格特征与自尊的关系研究

本章以青海省民和县的中小学留守儿童为被试，采用《友谊质量问卷》，罗森博格编制的《自尊量表》以及《艾森克个性问卷》(少年版)，对留守儿童的同伴友谊质量、人格特征和自尊的发展及相互之间的关系进行探讨。结果表明：1. 留守儿童的同伴友谊质量、人格特征与自尊之间存在相关。2. 留守儿童的同伴友谊质量和人格特征对其自尊有一定的预测作用。3. 在留守儿童的同伴友谊质量对自尊的影响中，人格特征有一定的中介作用。

第一节　研究背景及意义

随着我国经济的快速发展，工业化、城市化和现代化建设的进程加快，越来越多的农村剩余劳动力开始向城市转移，特别是西北不发达地区，大量剩余劳动力向发达城市流动。一方面，这些大量外出务工人员为我国经济建设作出了特殊贡献；另一方面，因城市户籍制度的限制等原因，大部分父母会选择将孩子留在家乡，自己外出打工，由此形成了数以千万计的留守儿童。这些留守儿童从小由单亲、隔代亲属、亲戚等抚养，长期不能与父母见面，接受其关注、关爱和支持较少，较容易产生家庭教养缺少、性格发展不健全和学习成绩不稳定等成长性问题。

根据《青海省 2016 年国民经济和社会发展统计公报》，2016 年年末，全省常住人口为 593.46 万人，其中，0-14 岁的儿童青少年为 117.50 万人，占常住人口的 19.80%；由青海省妇联的不完全统计可知，青海省共有 40939 名农村留守儿童，其中青海省海东地区留守儿童最多，共有 32681 名，占全省留守儿童总数的 79.58%，其次为西宁市，有留守儿童 4613 名，海南藏族自治州 1719 名，海北藏族自治州 1568 名，海西蒙古族藏族自治州 205 名。根据以往调查显示，青海省农村留守儿童中单亲监护占 47.7%，隔代监护占 50.9%，亲戚代管占 0.3%，非亲代管占 0.6%，监护缺失（自我监护）占 0.5%。

从以往对青海省留守儿童的调查研究来看，单亲监护、隔代监护或其他监护模式都对留守儿童的生活、学习和心理产生了不良的影响。生活上，他们较容易产生焦虑不安、缺乏安全感、自卑、自闭和叛逆等问题；学习上，留守儿童大多在校表现出学习成绩差，常有迟到、旷课和逃学等不良习惯，且农牧区的留守儿童辍学现象较严重；心理上，由于他们特殊的成长环境，可能会导致亲情缺失、性格缺陷、行为偏差等问题。同时青海省是一个多元文化背景下多民族聚居的地区，在这种特殊的地理环境和多样的文化影响下，青海省留守儿童心理的健康发展更需要得到研究者的重视。

一、留守儿童的概念界定

在我国，留守儿童最早是由一张（1994）提出的，是指父母在国外工作或学习而被留在国内的孩子。[①] 相关学者对留守儿童有不同的定义，段成荣（2005）等人认为留守儿童主要是指父母两人或一人离开家乡打工，因此和父母分离，被留在出生地的接受义务教育的孩子。[②] 范方（2005）等认为父母长时间出去务工，而被留在老家的儿童青少年，即为留守儿童。周宗奎（2005）等认为父母一人或两者皆外出务工，出去一年或者超过一年时间的，年龄不超过 18 岁的农村地区的孩子被称为留守儿童，其中父母一方、亲属对他们的学习和生活进行教育与管理。[③] 高亚兵（2010）认为父母双亲或其中一方出去务工，离开家乡时间超过半年的，这些被留在家里的未成年人即为留守儿童，其周围的亲人、邻居会对其日常学习生活进行照料。[④] 高妍芳（2008）等认为处于义务教育阶段的 16 岁以下的孩子，其双亲共同或其中一人离开家乡打工，这些被留在家的孩子就是留守儿童，他们的日常生活都需要身边的亲人或邻居照料。[⑤] 华姝姝（2012）等认为留守儿童是指父母两者或其中一人到别的地方，被留在出生地，年龄不超过 14 岁，和父母分离的孩童。[⑥]

综合上述研究者对留守儿童的概念的梳理，虽有差异，但都有几个共同点，由此可对留守儿童进行定义：（1）父母外出数量，父母其中一方或者双方都在外打工；（2）父母离开时间的长短，父母离开多长时间的孩子可当做是留守儿童，相关研究表明，留守时间为半年的儿童，与留守三个月的儿童比较，会在心理方面和适应能力上呈现出更加消极的状态[⑦]；（3）被父母留在家乡的孩子的年龄，

① 一张：《留守儿童》，载《瞭望》，1994（45）：37。

② 段成荣、杨舸、王莹：《关于农村留守儿童的调查研究》，载《学海》，2005（6）：25–29。

③ 周宗奎、孙晓军、刘亚、周东明：《农村留守儿童心理发展与教育研究》，载《北京师范大学学报社版》，2005（1）：71–79。

④ 高亚兵：《农村留守儿童心理发展问题的原因分析与对策研究》，载《教学与管理》，2010（1）：44–46。

⑤ 高妍芳、张学广：《留守儿童教育问题研究综述》，载《陕西教育学院学报》，2008，24（1）：37–40。

⑥ 华姝姝、郑捷妍、简宝婵：《河南省农村留守儿童安全感现状调查》，载《中国健康心理学杂》，2012，20（1）：66–68。

⑦ 郝振、崔丽娟：《自尊和心理控制源对留守儿童社会适应的影响研究》，载《心理科学》，2007，30（5）：1199–1201。

在父母离开后的孩子处于什么样的年龄段才可算作留守儿童，有的认为留守儿童的年龄不超过 14 岁，有的认为不超过 16 岁，有的是按照《联合国儿童公约》对儿童年龄标准的界定是不超过 18 岁。

综上，留守儿童在本章节的定义为：父母双方或者其中一人出去务工超过半年的，被留在家乡由祖辈、亲朋好友监护或者自己独自生活的不超过 18 周岁的孩子即为留守儿童。

二、留守儿童的状况

（一）留守儿童的心理状况

近年来的研究，对留守儿童心理问题的研究主要可以概括为心理健康、认知、同伴关系、自尊、情绪情感、行为和社会适应几个方面。

1. 心理健康方面。田录梅、张丽军（2008）调查了吉林省珲春市一所规模较大小学三至六年级的 209 名小学生，对留守儿童（父母一方或双方出国打工）和非留守儿童（父母未出国打工）的初步调查表明，与非留守儿童相比，留守儿童的学习、生活质量和心理成长状况都低于非留守儿童。主要表现为他们的父母亲对他们学习成绩的满意度较低，留守儿童对自己学习成绩的自我评价较低，班主任找他们的谈话次数更多，更看重金钱和物质，不快乐的儿童多，希望高中毕业就出国挣钱的人也更多等。[①] 吴霓等（2004）研究表明，相对于非留守儿童，留守儿童的同伴关系更疏远，不善于与同伴倾诉情感。[②] 王东宇等人（2003）的研究表明：青少年时期留守儿童心理的发展会出现更多状况，他们的心理问题明显高于非留守儿童。留守儿童大多缺乏与家人的交流，亲情缺失，容易导致自卑、封闭等消极的心理特点。[③]

2. 认知方面。西南大学教育科学研究所的王晓丹、陈旭（2010）用儿童社交焦虑量表（SASC）以及两可社会情境解释问卷儿童版（ASSIQ-C）调查了

① 田录梅、张丽军、裴丹莹：《留守儿童与非留守儿童学习、生活及心理成长状况的比较研究》，载《中国特殊教育》，2008（2）：8-11。

② 吴霓：《农村留守儿童问题调研报告》，载《教育研究》，2004（10）：15-18。

③ 王东宇：《小学“留守孩”个性特征及教育对策初探》，载《健康心理学杂志》，2002，10（5）：354-355。

365 名留守小学儿童和 255 名非留守小学儿童，了解了小学留守和小学非留守儿童的社交焦虑与认知偏差的基本状况，并且探讨了两者之间的关系。研究表明留守小学儿童的社交焦虑检出率显著高于非留守儿童；留守小学儿童的社交焦虑显著高于非留守小学儿童；留守小学儿童的认知偏差水平显著高于非留守小学儿童。①

3. 情绪情感方面。黄艳苹、李玲（2007）随机抽取了 6 所农村中学和 4 所小学总计 813 名儿童，用心理健康诊断测验（MHT）对他们进行了调查，研究表明留守儿童心理健康总水平比曾留守儿童和非留守儿童都要低。主要表现在对人焦虑、学习焦虑、身体症状、过敏倾向、冲动倾向和恐怖倾向等方面。在留守儿童群体中，无固定看护人或无看护的留守儿童健康状况最差，单亲看护的留守儿童心理健康状况好于其他类型的留守儿童。② 侯洋，徐展（2008）对四川省 7 个乡镇留守儿童的调查结果表明，留守儿童的孤独感得分显著高于非留守儿童，同时儿童社会支持系统中朋友和老师可以有效缓解孤独感。③ 王婷等（2008）对重庆和贵州的 876 名农村中小学留守及非留守儿童进行了社交焦虑水平的调查结果显示：农村留守儿童的社交焦虑水平相对非留守儿童较高；留守儿童的社交焦虑水平与自尊水平密切相关；和父母的早期分离可能会影响留守儿童的社交焦虑水平，而和父母经常联系能缓解留守儿童的社交焦虑。④ 胡长舟等（2013）对宁夏某县 6 所小学和 2 所初中的留守儿童进行了调查，研究表明留守儿童焦虑情绪水平显著高于非留守儿童。⑤

4. 行为方面。曾嵘等（2009）采用长处与困难问卷（SDQ 父母版）对随机选择的 3944 名农村 4-7 岁留守儿童的看护人进行了问卷调查，结果发现留守儿

① 王晓丹、陈旭：《留守儿童与非留守儿童社交焦虑及认知偏差的比较研究》，载《四川师范大学学报（社会科学版）》，2010，37（2）：57-61。

② 黄艳苹、李玲：《不同留守类型儿童心理健康状况比较》，载《中国心理卫生杂志》，2007，21（10）：669-671。

③ 侯洋、徐展：《农村留守儿童的孤独感与自卑感》，载《中国心理卫生杂志》，2008，22（8）：564。

④ 王婷、王文忠、刘正奎、高文斌：《留守儿童社交焦虑及其相关因素》，载《中国行为医学科学》，2008，17（10）：910-912。

⑤ 胡长舟、冯玉韬、李秋丽、许娟、王灵灵、戴秀英：《宁夏留守儿童焦虑状况分析》，载《中国医学创新》，2013，10（12）：1-3。

童情绪与行为问题检出率为 43.6%。[①] 刘晓慧等（2012）对宁夏 205 名留守儿童和 235 名非留守儿童的研究表明，留守儿童存在较多的情绪性问题，留守儿童得到的社会支持有助于缓解情绪性问题。[②] 闫茂华，陆长梅（2013）抽样调查了连云港农村中学 15-17 岁 637 位初三年级同学的生活习惯和健康状况，发现农村留守儿童处于亚健康的比例显著高于农村非留守儿童，近视率和贫血率显著高于农村非留守儿童。在生活习惯上，农村留守与非留守儿童均存在日饮水量偏少、睡眠时间不足、运动量不足、吸烟、喝酒等问题，且在多数方面，留守儿童的生活习惯问题更为严重。[③]

5. 社会适应方面。华东师范大学心理学系郝振、刘霞、范兴华、申继亮（2007）用社会支持评定量表（SSRS）和问题行为问卷调查了 112 名初中留守儿童和 132 名非留守儿童，问卷的结果表明，非留守儿童在社会支持的利用水平上高于留守儿童，在违纪行为程度上低于留守儿童；留守儿童群体当中，社会支持程度高的相对来说问题行为比较少，男性留守儿童相对来说比女性留守儿童危害健康的行为倾向更严重。[④] 范兴华等（2009）用生活满意度、自尊、抑郁、孤独感、问题行为和社交焦虑问卷对五个省 2134 名农村曾留守儿童、单留守儿童、双留守儿童、流动儿童、一般儿童进行研究，结果表明在社会适应的总分上，一般儿童显著优于留守儿童。[⑤]

6. 同伴友谊质量方面。对于儿童青少年而言，同伴关系是一种非常重要的人际关系。家庭收入、父母文化素质水平、亲子的家庭交往模式对儿童的社会交往能力都有重要影响。同时，研究发现，缺乏父母监督和关心的儿童青少年，更容易表现出各种不良行为。相关研究表明，与非留守儿童相比，留守儿童感受到较

① 曾嵘、张伶俐、罗家有、龚雯洁、杜其云、吴虹：《中国 7 省市农村地区 4-7 岁留守儿童情绪与行为问题及其影响因素研究》，载《中华流行病学杂志》，2009，30（7）：706-709。

② 刘晓慧、杨玉岩、哈丽娜、王晓娟、李秋丽、戴秀英：《留守儿童情绪性问题行为与社会支持的关系研究》，载《中国全科医学》，2012，15（28）：3287-3290。

③ 闫茂华、陆长梅：《农村留守与非留守儿童健康状况调查分析——以连云港市为例》，载《安徽农业科学》，2013（2）：898-900。

④ 郝震、刘霞、范兴华、申继亮：《初中留守儿童社会支持与问题行为的关系》，载《心理发展与教育》，2007（3）：98-102。

⑤ 范兴华、方晓义、刘勤学、刘杨：《流动儿童、留守儿童与一般儿童社会适应比较》，载《北京师范大学学报》（社会科学版），2009（5）：33-40。

少受到同伴的接纳，会表现出较多的友谊冲突和背叛。[①②]

7. 人格特征方面。人格是在学习和生活中逐渐形成的，健全人格的发展对个体各方面的发展是至关重要的，儿童的早期经验、家庭环境、同伴关系和学校教育方式等都会在其人格发展中起到非常重要的作用。相关研究研究表明，人格的情绪性和外向性与心理健康紧密相关，并能有效预测心理问题，曾昱等（2012）的研究表明，健全的人格可提高自尊水平。

8. 自尊方面。在青少年时期，作为一种重要的人格变量，自尊会影响个体人格和适应性的形成和发展。[③] 同时，生理、认知发展和人格等个体内部因素都会对个体的自尊发展有重要的影响。自尊还会受到许多外部环境因素的影响，如父母的教养方式、亲子关系、同伴关系等。留守儿童同伴友谊质量、人格特征与自尊的关系研究方面：同伴关系对个体发展具有重要的作用，对青少年社会性发展乃至生命全程发展有着深远的影响；青少年的友谊质量与其自尊、自我评价、适应能力关系密切；已有的研究发现，初中阶段的同伴关系与学业成绩关系密切，其对青少年的社会化和情感的发展具有关键的作用。[④]

（二）留守儿童的教育状况

1. 留守儿童的学习状况。由于父母的外出，留守儿童的学习状况也引起了研究者们的注意。留守儿童的学业是否受到父母不在身边的影响，国内的相关研究呈现出了不一致的意见。一种研究认为留守儿童的学业表现并未显著地受到父母外出的影响。李庆丰（2004）[⑤] 认为，父母的外出会使其接触到更多积极、创

① 罗晓路、李天然：《家庭社会经济地位对留守儿童同伴关系的影响》，载《中国特殊教育》，2015（2）：8-82。

② 孙晓军、周宗奎、汪颖、范翠英：《农村留守儿童的同伴关系和孤独感研究》，载《心理科学》，2010，33（2）：337-340。

③ 曾昱、张灵聪：《父母教养方式、人格与自尊的关系研究》，载《中国健康心理学杂志》，2012，20（10）：1556-1558。

④ 王佳宁、于璐、熊韦锐等：《初中生亲子、同伴、师生关系对学业的影响》，载《心理科学》，2009（32）：1439-1441。

⑤ 李庆丰：《农村劳动力外出务工对留守子女发展的影响——来自湖南、河南、江西三地的调查报告》，载《上海教育科研》，2002（9）：25-28。

新的事物，孩子们的学习也会从中受益；朱科蓉、李春景、周淑琴（2002）[①]的研究发现，对于中小学生而言，父母外出务工与否以及外出时间的期限长短，并不会对他们的学业产生显著的影响。另一种研究结论表明，这也是得出最多的结论，留守儿童的学习会显著地受到父母不在身边的影响。也有一些研究者认为，相比于普通儿童，留守儿童中学习倦怠、辍学、沉溺于网吧的现象更严重，由此可知他们的学习问题要比一般儿童多。[②]

2. 留守儿童的思想道德状况。家庭、学校等方面的因素对留守儿童的思想觉悟和品德有很大的影响。[③]在家庭方面，外出打工的父母，会受一些不良价值观的影响，进而把不正确的价值观传输给自己的孩子，如上学无用等；在学校方面，老师评判学生的标准往往是其学业成绩的高低，忽视了留守儿童的特殊需要，甚至有时会对他们产生歧视心理，所有这些都会对留守儿童的思想状况产生消极的影响。

留守儿童的道德观念、情感、行为等的发生发展都会受到父母的榜样示范、对孩子的及时监管等这些因素的影响，一旦这些因素向消极的方向发展，留守儿童道德各方面的发展也会随之偏离健康发展，如生活不知节俭、道德觉悟低、责任感缺失等，有些甚至出现严重的不良后果。

第二节　研究设计

一、研究对象

研究被试为青海省民和县川垣小学、川口小学三到六年级的留守儿童和民和一中、民和二中高一到高三的留守儿童，共 743 人。其中男生有 403 人，占总人数的 54.2%，女生有 340 人，占总人数的 45.8%。

① 朱科蓉、李春景、周淑琴:《农村留守子女学习状况分析与建议》，载《教育科学》，2002（4）: 21–24。

② 黄应圣、刘桂平:《农村留守孩子道德品质状况的调查与思考》，载《教书育人》，2004（11）: 27–28。

③ 王玉琼、马新丽、王田舍:《留守儿童问题》，载《中国统计》，2005（1）: 59–60。

经过数据处理分析，删除无效数据后，剩下的有限问卷有705份，其中男生380份，女生325份。在小学中，三年级有23份，四年级有26份，五年级有30份，六年级有15份，男生共有50份，女生共有44份；在中学里，高一有70份，高二有220份，高三有321份，男生共有330份，女生共有281份。结果见表8-1。

表8-1　样本具体分布

项目	分类	人数	百分比（%）
性别	男	380	53.9
	女	325	46.1
学校	川口小学	28	4.0
	川垣小学	65	9.0
	民和一中	282	40.0
	民和二中	329	47.0
年级	三年级	23	3.3
	四年级	26	3.7
	五年级	30	4.3
	六年级	15	2.1
	高一	70	9.9
	高二	220	31.2
	高三	321	45.5

二、研究研究方法

数据统计方法：采用统计软件SPSS18.0对数据进行处理分析。统计方法有：独立样本t检验，单因素方差分析，皮尔逊（pearson）相关分析及回归分析。

本研究采用问卷法。运用了邹泓等①（1998）修订的《友谊质量问卷》；罗森博格于1965年编制的《自尊量表》；英国心理学家H. J. 艾森克编制的一种自陈量表《艾森克个性问卷》(少年版)。

三、研究假设

1. 留守儿童的同伴友谊质量、人格特征与自尊之间存在相关关系。

2. 留守儿童的同伴友谊质量和人格特征对其自尊有一定的预测作用。

3. 留守儿童的同伴友谊质量对自尊的影响，人格特征有一定中介作用。

第三节　研究结果

一、留守儿童同伴友谊质量、人格特征与自尊的年级差异状况总体比较

表8-2　留守儿童同伴友谊质量、人格特征、自尊的年级差异状况总体比较

	学校类别	样本量	均值t标准差	显著性
精神质	小学	94	51.92±9.19	3.157***
	高中	611	48.74±8.32	
内外向	小学	94	62.28±11.95	2.482*
	高中	611	59.07±11.63	
神经质	小学	94	59.65±14.47	−1.224
	高中	611	61.53±13.79	

① 邹泓、周晖、周燕:《中学生友谊、友谊质量与同伴接纳的关系》，载《北京师范大学学报》（社会科学版），1998（1）：43−51。

续表

	学校类别	样本量	均值 t 标准差	显著性
掩饰性	小学	94	56.60 ± 10.94	−2.287*
	高中	611	59.20 ± 10.13	
自尊	小学	94	28.90 ± 5.01	−3.614***
	高中	611	30.87 ± 4.09	
信任与支持	小学	94	35.89 ± 5.76	−3.491**
	高中	611	38.07 ± 4.66	
陪伴与娱乐	小学	94	12.54 ± 2.28	0.017
	高中	611	12.54 ± 1.73	
肯定价值	小学	94	20.40 ± 3.37	−2.279*
	高中	611	21.24 ± 2.76	
亲密袒露与交流	小学	94	14.94 ± 2.83	−3.067**
	高中	611	15.87 ± 2.15	
冲突与背叛	小学	94	16.87 ± 3.20	−7.398***
	高中	611	19.44 ± 2.67	

注：*p<0.05；**p<0.01；***p<0.001（下同）

由表 8-2 可知，留守儿童人格的年级差异显著，具体表现为：在精神质（p<0.001）、内外向（p<0.05）两个维度上，小学得分都显著大于高中，女生的精神质得分一直低于男生，这种差距随着年级的增大而逐渐缩小，此外，男女生在高中的得分一直在上升。在掩饰性维度上，高中得分显著大于小学（p<0.05）；其自尊的年级差异显著，高中的得分大于小学（p<0.001）；其同伴友谊质量四个维度年级差异都显著，具体表现为：在信任与支持（p<0.01）、肯定价值（p<0.05）、亲密袒露与交流（p<0.01）、冲突与背叛这四个维度上（p<0.001），且高中得分都显著大于小学。这可能是由于随着年龄增长，儿童的友谊水平由具体的外化行为发展到开始肯定内部价值，认识到真诚地对待朋友的重要性。

二、留守儿童同伴友谊质量、人格特征与自尊的性别差异状况总体比较

表 8–3 留守儿童同伴友谊质量、人格特征、自尊的性别差异状况总体比

	性别	样本量	均值 t 标准差	显著性
精神质	1	380	48.04 ± 7.84	−3.803***
	2	325	50.48 ± 9.05	
内外向	1	380	59.43 ± 12.18	−0.156
	2	325	59.57 ± 11.15	
神经质	1	380	60.25 ± 13.26	−2.132*
	2	325	62.48 ± 14.50	
掩饰性	1	380	57.78 ± 9.89	−3.004**
	2	325	60.10 ± 10.57	
自尊	1	380	30.93 ± 4.32	2.206*
	2	325	30.22 ± 4.19	
信任与支持	1	380	37.38 ± 4.82	−2.387*
	2	325	38.25 ± 4.90	
陪伴与娱乐	1	380	12.44 ± 1.78	−1.622
	2	325	12.66 ± 1.84	
肯定价值	1	380	20.97 ± 2.87	−1.518
	2	325	21.30 ± 2.85	
亲密袒露与交流	1	380	15.55 ± 2.22	−2.489*
	2	325	15.98 ± 2.31	
冲突与背叛	1	380	19.13 ± 2.85	0.348
	2	325	19.06 ± 2.92	

由表 8-3 可知，留守儿童人格的神经质（$p<0.05$）、精神质（$p<0.001$）、掩饰性（$p<0.01$）三个维度的性别差异显著，女生在这几个维度的得分都很高，且都是女生得分显著大于男生；在自尊上，性别差异显著（$p<0.05$），且男生得分显著大于女生；其留守儿童的友谊质量在 $\alpha=0.05$ 水平上存在性别显著差异，女生的友谊质量显著高于男生，体现在亲密袒露与交流（$p<0.05$）、信任与支持（$p<0.05$）这两个维度，且都是女生得分显著大于男生。

三、留守儿童同伴友谊质量、人格特征不同自尊水平的差异状况总体比较

表 8-4　留守儿童同伴友谊质量、人格特征不同自尊水平的差异状况总体比较

	自尊水平	n	$M \pm SD$	组方差值	显著性
精神质	低自尊	86	52.12 ± 9.25	6.389	0.002
	中自尊	481	48.59 ± 8.26		
	高自尊	138	49.32 ± 8.54		
内外向	低自尊	86	54.67 ± 11.66	33.211	0.000
	中自尊	481	58.49 ± 11.51		
	高自尊	138	66.01 ± 9.75		
神经质	低自尊	86	68.10 ± 13.88	24.72	0.000
	中自尊	481	61.75 ± 13.45		
	高自尊	138	55.37 ± 13.11		
掩饰性	低自尊	86	55.06 ± 10.22	9.339	0.000
	中自尊	481	58.89 ± 10.04		
	高自尊	138	61.08 ± 10.50		
信任与支持	低自尊	86	37.43 ± 5.57	1.178	0.309
	中自尊	481	37.69 ± 4.86		
	高自尊	138	38.33 ± 4.44		

续表

	自尊水平	n	M±SD	组方差值	显著性
陪伴与娱乐	低自尊	86	12.45±1.80	0.735	0.48
	中自尊	481	12.51±1.84		
	高自尊	138	12.70±1.70		
肯定价值	低自尊	86	20.93±2.84	1.958	0.142
	中自尊	481	21.04±2.89		
	高自尊	138	21.55±2.73		
亲密袒露与交流	低自尊	86	15.40±2.46	1.383	0.252
	中自尊	481	15.76±2.26		
	高自尊	138	15.91±2.17		
冲突与背叛	低自尊	86	18.77±3.12	0.948	0.388
	中自尊	481	19.19±2.80		
	高自尊	138	18.98±3.03		

由表 8-4 可知，留守儿童人格特征的四个维度分别在不同的自尊水平下的差异都显著，具体表现为：在精神质维度上（$p<0.01$），低自尊的得分显著大于中自尊、高自尊的得分，在内外向、掩饰性两个维度上（$p<0.001$），低自尊、中自尊、高自尊得分情况依次升高，在神经质维度上（$p<0.001$），低自尊、中自尊、高自尊得分情况依次降低，也就是在精神质、神经质两个维度上，自尊水平越高，其得分就越低，在内外向、掩饰性两个维度上，自尊水平越高，其得分就越高；同伴友谊质量的五个维度分别在不同的自尊水平下的差异都不显著。

四、留守儿童同伴友谊质量、人格特征与自尊的相关

（一）总体留守儿童同伴友谊质量、人格特征与自尊的相关

表 8–5 总体留守儿童同伴友谊质量、人格特征与自尊的相关

	自尊	信任与支持	陪伴与娱乐	肯定价值	亲密袒露与交流	冲突与背叛	精神质	内外向	神经质	掩饰性
自尊	—									
信任与支持	0.080*	—								
陪伴与娱乐	0.054	0.580**	—							
肯定价值	0.051	0.620**	0.594**	—						
亲密袒露与交流	0.075*	0.731**	0.556**	0.595**	—					
冲突与背叛	−0.007	0.265**	0.245**	0.321**	0.310**	—				
精神质	−0.136**	−0.074*	−0.052	−0.028	−0.073	−0.020	—			
内外向	0.350**	−0.051	−0.041	−0.039	−0.061	−0.086*	0.088*	—		
神经质	−0.313**	−0.03	0.001	−0.012	−0.045	0.004	0.305**	−0.189**	—	
掩饰性	0.207**	0.049	0.017	0.03	0.07	0.039	−0.343**	0.138**	−0.314**	—

注：*p<0.05；**p<0.01；***p<0.001

由表 8–5 可知，留守儿童同伴友谊质量的信任与支持、亲密袒露与交流两个维度与自尊呈显著正相关（p<0.05）；同伴友谊质量的信任与支持维度与人格的精神质维度呈显著负相关（p<0.05），同伴友谊质量的冲突与背叛维度与人格的内外向维度呈显著负相关（p<0.05）；人格四个维度均与自尊相关显著，分别为精神质、神经质与自尊呈显著负相关（p<0.01），内外向、掩饰性与自尊成显著正相关（p<0.01）。

（二）小学留守儿童同伴友谊质量、人格特征与自尊的相关

表 8-6 小学留守儿童同伴友谊质量、人格特征与自尊的相关

	精神质	内外向	神经质	掩饰性	自尊	信任与支持	陪伴与娱乐	肯定价值	亲密袒露交流	冲突与背叛
精神质	—									
内外向	0.015	—								
神经质	0.452**	-0.060	—							
掩饰性	-0.562**	0.209*	-0.412**	—						
自尊	-0.137	0.214*	-0.218*	0.208*	—					
信任与支持	-0.264*	0.180	-0.074	0.104	0.107	—				
陪伴与娱乐	-0.141	0.055	0.021	0.063	0.098	0.557**	—			
肯定价值	-0.178	0.109	-0.024	0.175	0.066	0.578**	0.387**	—		
亲密袒露与交流	-0.179	0.130	-0.027	0.041	0.113	0.618**	0.502**	0.518**	—	
冲突与背叛	0.253*	-0.117	0.158	-0.134	-0.184	-0.044	-0.100	-0.001	-0.001	—

注：$^{*}p<0.05$；$^{**}p<0.01$；$^{***}p<0.001$

由表 8-6 可知，小学留守儿童同伴友谊质量的信任与支持维度与人格的精神质维度呈显著负相关（p<0.05），其同伴友谊质量的冲突与背叛维度与精神质维度呈显著正相关（p<0.01）；其人格的神经质（p<0.05）、内外向（p<0.05）、掩饰性（p<0.05）三个维度与自尊相关显著，其中内外向、掩饰性与自尊呈显著正相关，神经质与自尊呈显著负相关；其同伴友谊质量五个维度与自尊相关均不显著。

（三）高中留守儿童同伴友谊质量、人格特征与自尊的相关

表 8-7　高中留守儿童同伴友谊质量、人格特征与自尊的相关

	自尊	信任与支持	陪伴与娱乐	肯定价值	亲密袒露与交流	冲突与背叛	精神质	内外向	神经质	掩饰性
自尊	—									
信任与支持	0.046	—								
陪伴与娱乐	0.044	0.594**	—							
肯定价值	0.030	0.624**	0.648**	—						
亲密袒露与交流	0.040	0.752**	0.578**	0.608**	—					
冲突与背叛	−0.030	0.295**	0.317**	0.375**	0.352**	—				
精神质	−0.115**	−0.013	−0.033	0.018	−0.030	0.027	—			
内外向	0.402**	−0.080*	−0.061	−0.057	−0.085*	−0.050	0.087*	—		
神经质	−0.346**	−0.030	−0.003	−0.016	−0.058	−0.042	0.289**	−0.206**	—	
掩饰性	0.194**	0.022	0.007	−0.009	0.062	0.042	−0.295**	0.137**	−0.303**	—

注：$^{*}p<0.05$；$^{**}p<0.01$；$^{***}p<0.001$

由表 8-7 可知，高中留守儿童同伴友谊质量的信任与支持、亲密袒露与交流两个维度与人格特征的内外向维度都成显著负相关（p<0.05）；其人格特征的四个维度都与自尊相关显著，其中精神质、神经质与自尊呈显著负相关（p<0.01），内外向、掩饰性与自尊呈显著正相关（p<0.01）；同伴友谊质量五个维度与自尊的相关均不显著。

（四）男生留守儿童同伴友谊质量、人格特征与自尊的相关

表 8-8　男生留守儿童同伴友谊质量、人格特征与自尊的相关

	信任与支持	陪伴与娱乐	肯定价值	亲密袒露与交流	冲突与背叛	精神质	内外向	神经质	掩饰性	自尊
信任与支持	—									
陪伴与娱乐	0.561**	—								
肯定价值	0.616**	0.558**	—							
亲密袒露与交流	0.683**	0.517**	0.588**	—						
冲突与背叛	0.269**	0.219**	0.318**	0.322**	—					
精神质	-0.104*	-0.105*	-0.072	-0.117*	-0.068	—				
内外向	-0.081	-0.063	-0.065	-0.058	-0.138**	0.126*	—			
神经质	-0.04	0.000	-0.028	-0.075	-0.017	0.320**	-0.180**	—		
掩饰性	0.065	0.016	0.032	0.080	0.037	-0.358**	0.124*	-0.363**	—	
自尊	0.169**	0.094	0.063	0.170**	0.001	-0.151**	0.334**	-0.287**	0.214**	—

注：*p<0.05；**p<0.01；***p<0.001

由表 8-8 可知，男生留守儿童同伴友谊质量的信任与支持、亲密袒露与交流两个维度与自尊呈显著正相关（p<0.01）；其信任与支持、陪伴与娱乐、亲密袒露与交流三个维度与精神质呈显著负相关（p<0.05），冲突与背叛与内外向呈显著负相关（p<0.01）；其人格四个维度与自尊相关显著，具体表现为精神质、神经质两个维度与自尊呈显著负相关（p<0.01），内外向、掩饰性两个维度与自尊呈显著正相关（p<0.01）。

（五）女生留守儿童同伴友谊质量、人格特征与自尊的相关

表 8-9　女生留守儿童同伴友谊质量、人格特征与自尊的相关

	自尊	信任与支持	陪伴与娱乐	肯定价值	亲密袒露与交流	冲突与背叛	精神质	内外向	神经质	掩饰性
自尊	—									
信任与支持	−0.008	—								
陪伴与娱乐	0.019	0.596**	—							
肯定价值	0.049	0.621**	0.632**	—						
亲密袒露与交流	−0.015	0.779**	0.595**	0.600**	—					
冲突与背叛	−0.019	0.266**	0.276**	0.328**	0.302**	—				
精神质	−0.101	−0.073	−0.019	0.000	−0.006	0.032	—			
内外向	0.375**	−0.016	−0.014	−0.007	−0.066	-0.020	0.047	—		
神经质	−0.333**	−0.035	−0.008	−0.006	−0.031	0.029	0.276**	−0.203**	—	
掩饰性	0.223**	0.010	0.005	0.015	0.039	0.044	−0.374**	0.156**	−0.288**	—

注：*p<0.05；**p<0.01；***p<0.001

由表 8-9 可知，女生留守儿童人格特征的内外向（p<0.01）、神经质（p<0.01）、掩饰性（p<0.01）三个维度与自尊相关显著，其中内外向、掩饰性两个维度与自尊呈显著正相关，神经质维度与自尊呈显著负相关。

（六）总体留守儿童同伴友谊质量、人格特征与自尊的回归分析

1. 总体留守儿童同伴友谊质量、人格特征与自尊的回归分析

表 8–10　总体留守儿童冲突与背叛维度对内外向维度的回归分析

	B	*Beta*	*t*	R^2	*F*
常数项	66.14		22.426***	0.006	5.187*
冲突与背叛	−0.348	−0.086	−2.277**		

注：*p<0.05；**p<0.01；***p<0.001

以冲突与背叛为自变量，以内外向为因变量，进行一元回归分析，由表 8–10 可知：冲突与背叛维度进入回归方程，对内外向有显著的负向预测作用，预测率为 0.6%。

2. 总体留守儿童人格特征的中介效应

以留守儿童同伴友谊质量为自变量，自尊为因变量，人格为中介变量，用 SPSS18.0 软件，采用温忠麟等提出的三步回归分析法考察留守儿童的同伴友谊质量对其自尊的直接和间接影响。采用逐步回归法进行回归分析：第一步进行同伴友谊质量的信任与支持、亲密袒露与交流两个维度对自尊的回归分析，得到标准回归系数 c1；第二步进行信任与支持对精神质的回归分析，得到标准回归系数 a1；第三步进行精神质、信任与支持对自尊的回归分析，得到标准回归系数 b1 和 c’1。结果见表 8–11。

表 8–11　总体留守儿童人格特征的中介效应

步骤	因变量	自变量	*Beta*	*t*
第一步	自尊	信任与支持	0.07（c1）	2.134*
		亲密袒露与交流	0.036	0.656
第二步	精神质	信任与支持	−0.074（a1）	−1.974*
第三步	自尊	精神质	−0.136（b1）	−3.639***
		信任与支持	0.071（c’1）	1.885

注：*p<0.05；**p<0.01；***p<0.001

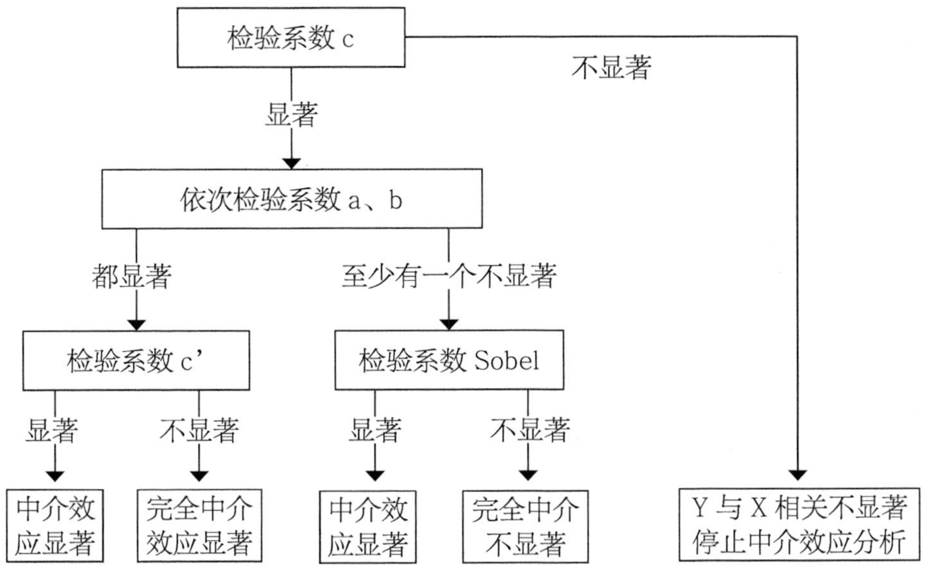

图 8-1　留守儿童的精神质维度在信任与支持维度与自尊之间的中介作用

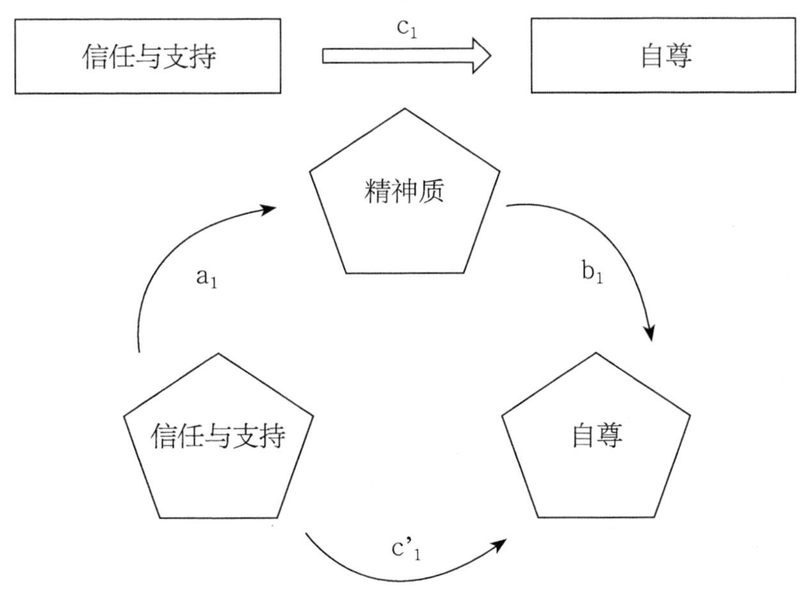

图 8-2　中介效应分析程序

如表 8-11 可知，在第一步回归分析中，信任与支持维度对自尊有显著的正向预测作用，回归系数 c1=0.07（$p<0.05$）；在第二步回归分析中，信任与支持对精神质有显著的负向预测作用，回归系数 a1=-0.074（$p<0.05$）；在第三步回归分析中，精神质对自尊有显著的负向预测作用，回归系数 b1=-0.136（$p<0.001$），其中信任与支持对自尊的预测作用不显著，回归系数为 c'1=0.071（$p>0.05$）。由于回归系数 c1，a1，b1 都显著，回归系数 c'1 不显著，可知人格的精神质维度在同伴友谊质量信任与支持维度与自尊之间起着完全中介作用。

第四节　讨论分析

一、留守儿童同伴友谊质量、人格特征与自尊的性别差异分析

在同伴友谊质量的信任与支持（$p<0.05$）、亲密袒露与交流（$p<0.05$）两个维度上，总体留守儿童女生得分显著大于男生，这与邹泓等的研究相一致，留守儿童和普通儿童的同伴友谊质量都表现出明显的性别差异，且女生的友谊质量显著优于男生。[①] 在中国文化背景下，男、女生在行为表现上被赋予不同的角色表现，男生更加独立、内隐，不轻易表露自己的内心感受，与同伴之间的情感交流较少；对于女生而言，社会期望的角色表现则是安静、大方，从而其表现会更温和、更倾向表达自身的内心情感，和同伴建立亲密的情感联结。在人格的精神质（$p<0.001$）、神经质（$p<0.05$）、掩饰性（$p<0.01$）三个维度上，总体留守儿童女生得分都显著大于男生；在自尊方面（$p<0.05$），总体留守儿童男生得分显著大于女生。

二、留守儿童同伴友谊质量、人格特征与自尊的年级差异分析

对小学和高中留守儿童的同伴友谊质量进行年级差异的比较，具体表现为：在信任与支持（$p<0.01$）、肯定价值（$p<0.05$）、亲密袒露与交流（$p<0.01$）、冲

① 邹泓、周晖等：《中学生友谊质量与同伴接纳的关系》，载《北京师范大学学报》（社会科学版），1998（1）：43-50。

突与背叛四个维度上（$p<0.001$），高中得分显著大于小学；在人格特征的精神质（$p<0.01$）、内外向（$p<0.05$）两个维度上，小学得分显著大于高中，在掩饰性维度（$p<0.05$）上，高中得分显著大于小学。

对小学和高中留守儿童的自尊（$p<0.001$）进行年级差异分析，高中得分显著大于小学儿童，正是由于与小学阶段相比，高中生的社会认知能力得到了更大的发展，对自身和他人的思想行为等各方面的评价变得更为客观和深刻，其自尊水平进而得到了更大的提升；在自尊方面（$p<0.05$），小学留守儿童低年级的自尊水平显著低于小学高年级，与普通儿童的相关研究结果是一致的[①]，这可能是因为随着年龄的增长，儿童的认知能力，尤其是自我意识和自我评价能力的发展，带动了儿童自尊的整体发展；高中留守儿童自尊的年级差异不显著，但是自尊的得分从高二开始出现逐渐降低的趋势，这与以往的研究一致[②]。自尊出现下降趋势的原因可能是与高一相比，高二的学习压力逐渐增大，到了高三又面临高考的压力，会对自我能力有所怀疑，同时其父母又不在身边，学校的关注度不够等各方面的因素导致高三留守儿童自尊水平的下降。

三、留守儿童同伴友谊质量、人格特征不同自尊水平的差异分析

总体留守儿童人格特征的四个维度不同自尊水平的差异都显著，具体表现为：在精神质维度上（$p<0.01$），低自尊的得分显著大于中自尊、高自尊，在内外向、掩饰性两个维度上（$p<0.001$），其得分表现为低自尊 < 中自尊 < 高自尊，在神经质维度上（$p<0.001$），其得分表现为低自尊 > 中自尊 > 高自尊，即在精神质、神经质两个维度上，自尊水平越高，其得分就越低，在内外向、掩饰性两个维度上，自尊水平越高，其得分就越高；其同伴友谊质量的五个维度不同自尊水平的差异都不显著。

留守儿童人格的发展受到其自尊水平的影响，而其自尊水平的高低对其同伴友谊质量并没有显著的影响。因此，提高留守儿童的自尊水平，会对其人格的健

① 张丽华、杨丽珠：《3–8 岁儿童自尊发展特点的研究》，载《心理与行为研究》，2005，3（1）：11–14。

② 赖建维、郑钢、刘锋：《中学生同伴关系对自尊影响的研究》，载《中国临床心理学杂志》，2008，16（1）：74–76。

康发展产生积极有利的影响。

四、留守儿童同伴友谊质量、人格特征与自尊的关系分析

（一）总体留守儿童同伴友谊质量、人格特征与自尊的关系分析

留守儿童同伴友谊质量的信任与支持、亲密袒露与交流两个维度与自尊呈显著正相关（$p<0.05$）；其信任与支持维度与精神质呈显著负相关（$p<0.05$），冲突与背叛与内外向呈显著负相关（$p<0.05$）；人格四个维度均与自尊相关显著，分别为精神质、神经质与自尊呈显著负相关（$p<0.01$），内外向、掩饰性与自尊呈显著正相关（$p<0.01$）。留守儿童同伴友谊质量的信任与支持维度对精神质有显著的负向预测作用，精神质维度对自尊有显著的负向预测作用，可见良好的同伴友谊质量会对其人格产生积极的促进作用，进而健康的人格会对其自尊水平的提高起到积极的作用。相关研究表明，良好的同伴关系会降低儿童的孤独感。同时，人格与自尊之间的关系紧密，相关研究表明，人格与自尊之间相关显著，并且人格对自尊有显著的预测作用。

（二）小学留守儿童同伴友谊质量、人格特征与自尊的关系分析

小学留守儿童同伴友谊质量的信任与支持（$p<0.05$）、冲突与背叛两个维度（$p<0.01$）都与精神质呈显著负相关，同伴友谊质量的冲突与背叛维度与掩饰性呈显著正相关（$p<0.01$），其中小学留守儿童同伴友谊质量的信任与支持、冲突与背叛两个维度共同对精神质有显著的预测作用，其中信任与支持维度对精神质有显著的负向预测作用，冲突与背叛维度对精神质有显著的正向预测作用，综合预测率为 10.9%。可见，同伴之间的信任与支持能够减少留守儿童的孤独感和提高对环境的适应能力，对其人格的发展具有积极的促进作用，而同伴之间的冲突与背叛会使留守儿童体验到更深的孤独感和对环境的不适应，即对其人格的健康发展具有一定的阻碍作用。

小学留守儿童人格的神经质（$p<0.05$）、内外向（$p<0.05$）、掩饰性（$p<0.05$）三个维度与自尊相关显著，其中内外向、掩饰性与自尊呈显著正相关，神经质与自尊呈显著负相关，同时神经质、内外向两个维度共同对自尊有显著的预测作用，其中神经质维度对自尊有显著的负向预测作用，内外向维度对自尊有显著的

正向预测作用，即神经质维度得分越低且内外向维度得分越高，则留守儿童自尊水平越高，两者对自尊的综合预测率为 6.8%，可见，其人格会对自尊的发展产生一定的影响，积极健康的人格会促进其自尊的发展。

（三）高中留守儿童同伴友谊质量、人格特征与自尊的关系分析

高中留守儿童同伴友谊质量的信任与支持、亲密袒露与交流两个维度与人格内外向维度都呈显著负相关（$p<0.05$），同伴友谊质量的亲密袒露与交流维度对内外向有显著的负向预测作用，因此，同伴之间亲密袒露与交流的机会越多，越有利于其稳定情绪的发展。其人格的四个维度都与自尊相关显著，其中精神质、神经质与自尊呈显著负相关（$p<0.01$），内外向、掩饰性与自尊呈显著正相关（$p<0.01$），其人格的内外向、神经质两个维度共同对自尊有显著的预测作用，其中内外向对自尊有显著的正向预测作用，神经质对自尊有显著的负向预测作用，综合预测率为 23.1%，可见，外向性人格有利于留守儿童自尊的发展，而人格中所表现出的焦虑、强烈的情绪反应不利于其自尊的发展。

（四）男生留守儿童同伴友谊质量、人格特征与自尊的关系分析

男生留守儿童同伴友谊质量的信任与支持、亲密袒露与交流两个维度与自尊呈显著正相关（$p<0.01$）；信任与支持、陪伴与娱乐、亲密袒露与交流三个维度与精神质呈显著负相关（$p<0.05$），冲突与背叛维度与内外向呈显著负相关（$p<0.01$）；人格的四个维度均与自尊相关显著，具体表现为精神质、神经质两个维度与自尊呈显著负相关（$p<0.01$），内外向、掩饰性两个维度与自尊成显著正相关（$p<0.01$）。男留守儿童人格的精神质维度，在同伴友谊质量的亲密袒露与交流维度对自尊的影响过程中起着部分中介作用。男留守儿童的亲密袒露与交流维度对精神质有显著的负向预测作用，即其同伴友谊质量越高，精神质的得分就越低，越能促进人格的健康发展；其亲密袒露与交流、精神质同时对自尊有显著的预测作用，其中前者对自尊有显著的正向预测作用，后者对自尊有显著的负向预测作用，可见个体孤独感降低、对他人更加关心以及适应环境能力提高，人格更加健康地发展，从而间接地对自尊产生促进作用。在同伴友谊质量的性别差异分析中，女生在亲密袒露与交流、信任与支持维度上都显著高于男生，而且这

些结果也与相关研究结果一致。[①②] 但是男留守儿童与同伴之间的亲密袒露与交流会对其人格、自尊的发展产生积极的促进作用，可能由于父母不在身边，与父母进行亲密情感交流的机会少，这些因素可能导致他们也同样需要倾诉，释放自己的情感。因此，学校在引导其建立良好同伴关系的同时，也应该多关注男生的情绪情感表现，鼓励其多与同伴分享自己的内心感受，这会对其人格、自尊的发展产生积极的作用，促进其身心的健康发展。与此同时，男生的冲突与背叛维度对内外向有显著的负向预测作用，即男生留守儿童遇到的冲突背叛越多，性格越内向，可见消极的同伴友谊质量，并不利于其人格的积极发展。

（五）女生留守儿童同伴友谊质量、人格特征与自尊的关系分析

女留守儿童人格的内外向（$p<0.01$）、神经质（$p<0.01$）、掩饰性（$p<0.01$）三个维度与自尊的相关显著，其中内外向、掩饰性两个维度与自尊呈显著正相关，神经质维度与自尊呈显著负相关。其人格的内外向、神经质两个维度对自尊有显著的预测作用，其中内外向维度对自尊有显著的正向预测作用，神经质维度对自尊有显著的负向预测作用，综合预测率为 20.5%，可见对于女生留守儿童，适当的外向性发展以及合理稳定的情绪情感表达这些人格特点，都有助于其自尊的健康发展。

五、研究结论

（一）差异分析

1. 留守儿童的同伴友谊质量、人格特征、自尊的性别差异分析。留守儿童人格的精神质（$p<0.001$）、神经质（$p<0.05$）、掩饰性（$p<0.01$）三个维度的性别差异显著，且都是女生得分显著大于男生；其自尊的性别差异显著（$p<0.05$），且男生得分显著大于女生；其同伴友谊质量的信任与支持（$p<0.05$）、亲密袒露与交流（$p<0.05$）两个维度的性别差异显著，且都是女生得分显著大于男生。

① 孙天义:《早期留守经历对农村初中生同伴交往的影响》，载《黑龙江教育学院学报》，2013，32（1）：113−115。

② 王英春、邹泓、张秋凌:《初中生友谊的发展特点》，载《心理发展与教育》，2006（2）：52−56。

2. 留守儿童的同伴友谊质量、人格特征、自尊的年级差异分析：在同伴友谊质量的信任与支持（$p<0.01$）、肯定价值（$p<0.05$）、亲密袒露与交流（$p<0.01$）、冲突与背叛（$p<0.001$）四个维度上，高中留守儿童的得分显著大于小学在人格特征的精神质（$p<0.01$）、内外向（$p<0.05$）两个维度上，小学留守儿童的得分显著大于高中，在掩饰性维度上，高中的得分显著大于小学（$p<0.05$）；在自尊方面，高中留守儿童的得分显著大于小学（$p<0.001$）。

3. 留守儿童同伴友谊质量、人格在不同自尊水平下的差异分析：在人格的神经质维度上，小学留守儿童低自尊、中自尊的得分显著大于高自尊（$p<0.05$）；在人格特征的精神质（$p<0.01$）、神经质（$p<0.001$）两个维度上，高中留守儿童低自尊的得分显著大于高自尊，在内外向（$p<0.001$）、掩饰性（$p<0.01$）两个维度上，高自尊的得分显著大于低自尊。

（二）相关分析

1. 留守儿童同伴友谊质量与人格、自尊的相关分析。小学留守儿童同伴友谊质量的信任与支持维度与人格的精神质维度呈显著负相关（$p<0.05$），其同伴友谊质量的冲突与背叛维度与精神质呈显著正相关（$p<0.01$），其人格特征的内外向、掩饰性维度与自尊呈显著正相关，神经质维度与自尊呈显著负相关；高中留守儿童同伴友谊质量的信任与支持、亲密袒露与交流两个维度与人格的内外向都呈显著负相关（$p<0.05$），人格特征的精神质、神经质维度与自尊呈显著负相关（$p<0.01$），其内外向、掩饰性两个维度与自尊呈显著正相关（$p<0.01$）。

2. 留守儿童同伴友谊质量、人格特征、自尊的回归分析。小学留守儿童同伴友谊质量的信任与支持维度对精神质有显著的负向预测作用，其冲突与背叛维度显著地正向预测人格的精神质维度，同时，人格的神经质维度能显著地负向预测其自尊，其内外向维度对自尊有显著的正向预测作用；高中留守儿童同伴友谊质量的亲密袒露与交流维度对内外向有显著的负向预测作用，高中留守儿童人格的内外向对自尊有显著的正向预测作用，其神经质对自尊有显著的负向预测作用。

3. 留守儿童人格特征中介作用的分析。总体留守儿童人格的精神质维度在同伴友谊质量的信任与支持维度和自尊之间起着完全中介作用；在留守儿童中，男生人格的精神质维度在同伴友谊质量的亲密袒露与交流维度与自尊之间起着部分中介的作用。

六、对策及建议

（一）提高家长对留守儿童的责任意识，满足孩子爱的需要

家长要提供亲社会行为的榜样。家长虽然不能陪在孩子身边，但是依然要关心留守儿童孩子的学习、生活以及心理健康状况，有时间尽量回来多陪伴孩子。有可能的情况下，尽量保证至少父母亲有一方留在孩子身边，树立亲社会行为的榜样，促进孩子与他人的交流，最终提升他们的亲社会行为水平，促进心理健康。在外务工的父母要增加与孩子之间的沟通，不仅要关心孩子的学习，更重要的是要多与孩子进行情感上的沟通与交流，尽量满足孩子们爱的需要。鼓励他们积极主动地和当前同学建立起良好的同伴关系，融入到现有的环境之中。对待处于青春期的儿童应该给予他们更多的关心与理解。给孩子进行正确有效的指导，培养其处理问题的能力。鼓励他们说出自己的烦恼，合理发泄自己的情绪，使儿童可以健康快乐地度过这一时期。

（二）提高留守儿童的认知能力、引导其合理的情绪情感表达

在教育过程中，学校要注重提高留守儿童的认知能力，使其对自身及其所处的环境有一个积极、正确的认知和评价。帮助其树立正确的归因方式，提高友谊质量，以弥补父母不在身边的情感缺失。留守儿童虽然长期和家长分离，但是依然有很多优秀的品质，学校要和留守儿童建立平等的关系，多关心高中留守儿童的心理健康，建立定期的访谈机制，发掘他们身上优秀的积极心理品质，帮助他们在面对成功和失败的学习成绩建立正确的归因方式，让他们感受到学校的温暖。培养他们的集体意识，增强他们的集体荣誉感，使之更加合群。儿童处在良好的集体氛围中会减少他们的孤独体验。

其次，学校可以开设心理健康教育等相关课程，定期开展相应的团体心理辅导、心理讲座、社会公益等活动，在活动过程中培养学生良好的自我意识，预防不良情绪的产生，提高儿童对于社会的适应性，并且引导其掌握宣泄情绪的适当方法，合理地表达情绪情感并教育他们养成良好的行为习惯，避免不适当的行为。同时，在活动中有目的地帮助他们提高对环境的适应能力，并且引导其掌握宣泄情绪的适当方法，合理地表达情绪情感。在对自身和他人有良好认知的基础上，学校要适时培养留守儿童的人际交往技能，引导同伴之间建立基本的信任

感、培养其化解同伴之间冲突的能力和技巧，良好的人际交往能力能够帮助他们与同伴之间建立良好的同伴关系，提高友谊质量。

（三）凝聚社会力量，促进留守儿童的健康成长

在社会方面，动员社会各界关注留守儿童身心的健康发展，从物质、精神等不同方面为其提供支持和帮助。

家庭、学校、社会方面都需要为促进留守儿童的身心健康发展而做出相应的努力。在针对留守儿童不同发展所采取的措施方面，家庭、学校和社会要协调统一，才能最大限度地促进留守儿童各方面的发展。

（四）加强心理健康教育工作的持续性

心理健康教育工作的实践活动不应是偶尔的集中开展，而是应该细水长流，在潜移默化中影响学生对于心理健康重要性的认识，从而保障学生的心理健康。教育工作者要从心理学的角度入手，正确把握留守儿童青少年的心理特征。学校应该对学生心理健康给予高度重视，并建立健全的电子心理档案，对留守儿童青少年的心理健康进行关注并追踪调查。

（五）扩充心理健康教育师资队伍，提高教师素质

应将留守儿童青少年的心理健康教育师资队伍建设纳入学校整体教师队伍建设工作中，加强选拔、配备、培养和管理。要通过专兼结合等多种形式，建设一支以专职教师为骨干，专兼结合、专业互补、相对稳定、素质较高的学生心理健康教育工作队伍，为留守儿童青少年心理健康教育服务。

第九章

青海某市流动儿童自我意识与孤独感的状况研究

本研究采用《儿童自我意识量表》《儿童孤独量表》(CLS)，以青海省某市的525名小学生为研究对象，了解其在自我意识和孤独感的情况，探讨儿童的自我意识和孤独感之间的关系。结果表明：1.儿童自我意识在年级、性别上存在差异。2.独生子女与非独生子女自我意识存在差异。3.有独立房间的儿童与无独立房间的儿童孤独感存在差异。4.儿童孤独感存在年级差异。5.儿童自我意识以及其各维度与孤独感存在显著负相关。6.儿童的行为、合群对孤独感有较强的预测作用。

第一节　研究背景及意义

1988 年发布的《流动儿童少年就学暂行办法》中，将流动儿童定义为：年龄在 8—18 岁之间且跟随父母或者其他监护人在流入地居住半年以上的，在当地学校就读的儿童。① 夏蕾（2010）在其本人硕士论文中将流动儿童青少年定义为：户籍所在地为农村，年龄在 6—14 岁且在农村生活过一段时间后随父母迁入城市，并正在城市学校接受九年义务教育尚未取得城镇户口的在城务工农民工子女。② 近年来流动儿童的数量急剧上升，形成了一个规模较大的特殊群体。与一般的儿童相比流动儿童具有丰富的流动经历，而这种经历对流动中的儿童心理发展产生了巨大的影响，随之引起了不少学者的关注和研究。根据本次研究的目的和内容，我们对已有的流动儿童的概念进行了修改和完善，并且由于在问卷调查过程中对被试的语言理解和使用能力，以及长时间的注意力和自控力有严格的要求，所以将被试对象选在三年级（包含三年级）以上。学校是学生重要的生活场所，学生在这一时期的主要身心活动都与学校有密切的联系，因此研究选取的流动儿童均为在校就读的学生，而且在以往的研究中，流动儿童的自我意识、孤独感都已出现了十分突出的问题。特别需要指出的一点是，虽符合上述定义，但之后又回到原户口所在地的儿童并不是本次要调查研究的儿童。

国外关于流动儿童的研究表明，人口迁移对迁移者心理健康所产生的影响和结论并没有明确和统一。早期，人们往往针对移民的心理健康问题进行研究，认为迁移对其心理健康问题的影响更大。其原因主要表现在三个方面：首先，迁移会导致之前社会关系的断裂，这些移民迁入新的环境，需要适应当地的风俗文化习惯，这对于一部分社会经济地位较低的迁移家庭来说将面临更大的挑战。与此同时，对于流动的儿童来说，由于其父母在面对新环境时承受了较大的压力，因

① 夏蕾：《流动儿童的文化认同状况及其心里健康状况的调查与研究》，华中师范大学硕士学位论文，2010。

②《流动儿童少年就学暂行办法》，载《新法规同刊》，1998（09）：35-37。

此对于他们的关怀程度会有所减少，这就可能导致他们面临着家庭关怀的缺失问题。其次，由于流动人口本身的受教育水平较低，所从事的职业及其社会地位也相对低下，这就会导致流动人口面临各种歧视与制度障碍，也会间接地影响到流动儿童的心理健康。最后，当流动儿童迁入新环境时，往往会受到当地文化的影响，进而改变流动儿童的行为方式和思想观念。另一方面，他们的父母也会采用鼓励或强制措施来引导其子女的行为符合规范。但是，父母所采取的这些措施有时会导致儿童产生负面和消极的情绪。

但是社会上也出现与此截然相反的观点，认为迁移不会导致儿童产生各种行为问题，反而会降低负面行为发生的风险性。因为迁移具有选择性，迁移大多存在于较为健康的儿童群体中，同时，由于移民家庭具有较强的凝聚力，对一些妨碍心理健康的因素有一定的防范作用，因此迁移是有助于改善心理健康的。

另外，也有研究者指出，人口迁移并不会对儿童心理健康产生真正意义上的影响作用。这是因为以往研究在信息来源、移民群体以及迁入地等方面是不同的，并不能有效地说明迁移会导致儿童的心理健康问题。[①]

目前国内关于流动儿童的心理健康研究成果已经比较丰富，已有研究多是从教育学和心理学的视角出发的。我们通过梳理相关的文献发现，许多研究均显示流动儿童心理健康状况不容乐观。

在情绪情感方面，流动儿童具有较多负面的情绪，别人对他们的评价也比较消极，流动儿童所体会到的压力比非流动儿童大。例如肖蕊（2012）在研究中表明，流动儿童的心理健康总体状况堪忧，他们主要面临着一些行为问题和情绪问题，如焦虑，情绪易不稳定，同时他们身上的学习压力也比较大，人际关系比较敏感。[②] 刘药斐、王兆良（2010）等人的研究也指出，流动儿童的孤独感与非流动儿童的孤独感有显著性差异，流动儿童所体验到的孤独感也明显大于非流动

① BERRY J WE. Psychology of Accultration[M]//BERMAN J J. Naeberaska symposium on motivation, 1989: Cross-cultural perspectives.current theory and research in motivation .Lincoln ang London: University of Nebraska press, 1990.

② 肖蕊:《北京市流动儿童心理健康状况及学校社会工作路径研究》，武汉，华中农业大学，2012。

儿童，与此同时，流动儿童的自我效能感则要显著低于非流动儿童[①]；胡宁，方晓义（2009）等人的研究表明，流动儿童普遍存在着较高程度的孤独感和社交焦虑，同时指出流动儿童的社交焦虑对孤独感具有显著的预测作用，预测系数30.2%[②]；郭良春（2005）等人的研究指出，流动儿童往往比较敏感，容易产生自卑情绪，进而影响到其在人际交往中的发展[③]。

与此相反，有的研究者认为，流动儿童在心理健康水平的测试中所表现出的心理健康状况良好，自豪感明显高于自卑感，其心理品质总体上处于理论的中等以上水平。儿童跟随父母所迁移的地区其教育、医疗等环境要远远高于自己原来的居住地，一定程度上促进了个体在身心各方面的发展，同时较好的教育环境也转变了流动儿童的思维方式，与本地同龄的人相比他们更加独立、创新、灵活。余益兵、邹泓（2008）的调查结果显示，流动儿童在交往过程中，认为自己具有掌握全局的能力，与非流动儿童相比，流动儿童的积极心理品质并未明显降低，相反，他们期待现实或未来会有更好的结果发生。[④]

彭华民（2012）研究表明，流动儿童中半数以上的人在困境中积极克服困难的能力水平较低，表现出低水平的归属感和自我生活管理能力，但是仍然有很大的提升空间。[⑤]刘玉兰（2012）认为流动儿童由于面临着社会经济地位和家庭流动方面的“双重劣势”，因此，从另一方面来说也要在宏观层面上不断地瓦解产生“双重劣势”的制度基础。[⑥]

通过以上研究，我们看到流动儿童的心理健康也有着积极的方面，流动儿童在不同环境下面对困难时的能力有很大弹性，相信通过有效的心理干预和积极的关注，流动儿童的心理健康状况一定会得到巨大的改善。通过对以往研究的阅读

① 刘药斐、王兆良、李文兵、周超、齐海静、胡典：《流动儿童自我效能感与领悟社会支持及孤独关系研究》，载《中国学校卫生》，2010（2）。

② 胡宁、方晓义、蔺秀云、刘杨：《北京流动儿童的流动性、社交焦虑及对孤独感的影响》，载《应用心理学》，2009（15）。

③ 郭良春、姚远、杨变云：《公立学校流动儿童少年城市适应性研究——北京市JF中学的个案调查》，载《中国青年研究》，2005（9）。

④ 余益兵、邹泓：《流动儿童积极心理品质的发展特点研究》，载《中国特殊教育》，2008（4）。

⑤ 彭华民、刘玉兰：《抗逆力：一项低收入社区流动儿童的实证研究》，载《广东青年职业学院学报》，2012（4）。

⑥ 刘玉兰：《流动儿童精神健康状况分析》，载《人口学刊》，2012（3）。

和分析，可以了解到以下几个方面：

一、孤独感的研究现状

（一）孤独感的含义

“孤独”这个词被现代社会上的人提及的频率很高。孤独实际上是个体在主观上认为自己与他人互相孤立的一种状态，个体会感觉出自己与他人的疏离，这时个体就会觉得自己不被他人所接纳，因此会形成一种痛苦的体验。孤独是一种悲观的、弥散性的心理状态。一般来说，孤独的时间或者孤独的情感体验均不长，那么就不会造成个体的心理不适感。但是，如果长时间处在孤独的体验之中或者个体所体验到的孤独感较为强烈，可能就会导致一些情绪障碍，使个体的心理健康水平降低。个体具有孤独感，往往不愿意与他人过多接触和来往，甚至会与世隔绝，然后这种隔绝的状态又会加重个体所体验到的孤独感，如果个体长期处在这种状态之中就有可能造成人格失常。

孤独感的概念直到现在还没有获得统一的结论。外斯（Weiss）认为孤独感是个体不满当前的人际关系，自己交往时的需求和实际交往水平存在差距时的一种主观心理感受或体验。[①] 当个体的人际关系网络在质或量上存在一定程度上的缺陷时，人们就会产生一种不愉快的感觉，这种不愉快的感觉就是孤独感。同样的，珀尔曼（Perlman）和佩普劳（Peplau）认为，孤独感是人们在社会关系网络欠缺时产生的不愉悦体验。李传银等人提出，孤独是个体对当前的人际关系不满意，或者个体对交往的需求和实际中的交往水平之间有差距时产生出的一种主观心理感受或情绪体验，这种情绪体验通常伴有孤单、无助、烦闷等一系列不良的情绪反应还有较强的精神空虚感。[②] 黄希庭认为，孤独感通常是一种负性的情绪感受，是个体希望在与人打交道的时候，关系能够亲密，但结果却又没法得到满足，因而产生的一种不愉快的情绪体验。[③] 朱智贤把孤独感解释为人在某种陌

① 孤独，一种情绪及社会孤立体验，Weiss, R. The provisions of soua relationships. In: Rubin Zed. Doing unto others. Endewcod Cliffs NJ; Prentice Hall, 1974: 17-26.

② Peplau, L.A. and Perlman, D.（1982）Loneliness: A Sourcebook of Cunrent Theory, Research, and Therapy. Wiley, New York.

③ 黄希庭、张进辅、李红等：《当代中国青年价值观与教育》，成都，四川教育出版社，1994。

生、封闭或特殊的环境中产生的一种孤独、寂寞、空虚的情感。①

通过以上的研究可知，孤独感的概念一时无法统一，但是综合已有的观点，我们可以发现孤独感的一致性特点。孤独感是个体的主观情感感受，是与个体的情感广度和认知过程紧密联系在一起的，这种主观感受和实际中朋友的数量联系并不紧密。也就是说，客观上的独处情境不一定造成孤独感的产生。独处指的是个体在某一时间段自己处于某个地方，没有其他人在场，这种情感体验可能会造成孤独感，但也可能会给个体带来舒适感和轻松感。而孤独感指的是自己一人独处或在跟他人在一起时觉得自己受到漠视、排斥、抛弃等的感受，也就是说在精神上与他人产生了隔离的状态。② 所以说，孤独感的产生主要是由于个体主观上对当前的人际关系的不满所引起的。因此本研究把孤独感定义为：在个体主观上对当前人际关系质或量上的不满意而产生的一种痛苦的情绪体验。

人在孤单的、不熟悉的或者突变的环境中，容易感到孤独。当自我意识处于萌芽的时候，儿童有了想要了解他人内心世界和希望自己被其他的同龄人接受的需要。他们会在意自己在别人心中的形象与地位，同时也会在意他人对自己的评价。正是由于这种需要的存在，他们希望别人能够了解真正的自己，同时他们又有很多不愿意告诉他人的秘密，因此不愿意对他人敞开心扉。由于两种对立的情感，导致了个体的需求得不到满足，这时儿童便会陷入忧虑和苦闷之中，导致了孤独感的产生。另外，当个体对自己有着过低的评价的时候，会导致自卑心理的产生，过于自卑的人通常会缺少伙伴，容易感到孤独。而当个体对自己有着过高的自我评价，他们通常会表现出自负，会看不起他人，不尊重他人，不愿意与他人一起的态度，这种态度容易遭到他人的不满，所以这样的人也会缺少伙伴，感到孤独。情绪情感也是在与他人交往过程中的重要部分，在交往过程中的情绪情感障碍通常会引起人际孤独，产生孤独感。

（二）关于孤独感的理论研究

对孤独感的概念与理论的研究主要有三种理论。心理动力学主要从人类需要

① 朱智贤：《心理学大词典》，北京，北京大学出版社，1989。
② 范志伟、何淑嫦：《北京市大学生自我意识的水平、结构及其与心理健康的关系》，载《卫生研究》，2013，42（6）：960-964。

的角度来解读孤独感，认为孤独感与个体没有实现的各种社会交往需求有关，是个体需求得不到满足的结果。其中苏立文（Sullivan）把孤独感定义为个体在与人交往中的需求不能得到满足时所产生的一种不愉快的体验。[①] 威尔斯认为孤独感的产生并不是由个体独身一人的状态所引发的，而是由于个体缺乏某种需求而导致人际关系产生影响的结果，或者是个体在缺乏某种具体的关系时所产生的反应。认知理论大多从认知加工的角度来阐释孤独感，认为孤独感是对现在所处关系中的一种感知、对比和评价，在当这种感知、对比和评价获得与自己所期望的结果不同时，所产生的幻觉。埃特曼认为，自我知觉和他人知觉的对比会影响个体对自己所期望的和实际得到的社交关系的质和量上的比较。这种比较可能会导致个体孤独感的产生，即当实际的关系被认为不能满足自己的需求或者是这种关系的质量不高时；也可能导致“清净被侵犯感”，即个体实际获得的关系被认为过于密切或比所需要求的更高时。而行为主义主要从行为的角度来解释孤独感，认为孤独感是因为不充分的社会强化，是缺乏或不充分的重要的社交强化的反应。西方学者在研究中发现，一些心理和社会特征可以是预测指标又是影响因素，很难把它们划分界限。一般来说，孤独感的预测指标包括心理特征、社会特征、人口统计学、遗传学、环境和文化等，其中文化因素受到了学者们的重视。[②]

Shireen Pavri 等人认为，对学困生进行孤独感的研究，可以排除掉与他们有关的影响因素，这样在研究中得出的结果可以更好地帮助学困生改善孤独现象。他们对 20 位 4—5 年级的学困生进行了调查研究，主要研究了他们的现状以及对孤独感的解决策略，结论是，大多数学生会在无事可做或者缺少朋友的时候产生孤独感，他们对此的解决策略是让他们自己去找一些事情来做或者去多交朋友，他们认为自我发动的策略不仅关键还很有效。[③] 库珀（Cooper）等人认为短期小组治疗可以缓解刚达到法定年龄的儿童的孤独感。[④] 罗尔赫（Rokach）等

① 黄希庭：《大学生心理健康教育》，上海，华东师范大学出版社，2004。

② 蒋艳菊、李艺敏、李新旺：《当代西方孤独感研究进展》，载《河南大学学报》（社会科学版），2006，46（5）：157-162。

③ Shireen Pavri, Lisa Monda Amaya. Loneliness and Students with Learning Disabilities in Inclusive Classrooms: Self-Perceptions, Coping Strategies, and Preferred Interventions. Lerning Disabilities Research and Practice, 2000, 15(1).

④ Cooper Alvin, McCormack William A. Short-term Group Treatment for Adult Children of Alcoholics. Journal of Counseling Psychology, 1992, 39(3).

人用自己研究的孤独感应对方式问卷对一些大学生和非大学生普通人进行了调查研究，结果表明反思和接受、自我发展和理解、使用社会支持网络、躲避和否认、信仰宗教、增加活动等可以有效地缓解孤独感。[①]

（三）孤独感与同伴关系、社会支持的关系研究

目前对孤独感的研究重点是儿童青少年的同伴关系、成人的社会支持状况等与孤独感的关系。儿童青少年孤独感的产生与其同伴游戏有着密切的关系，现有的研究表明，同伴关系不好的儿童青少年有着较高的孤独感水平，反之，有着良好同伴关系的儿童青少年的孤独感水平相对较低。社会支持对个体心理健康有着至关重要的作用。儿童青少年孤独感的产生和发展也与其社会支持网络的质量有着一定的关系，如果儿童青少年的社会支持数量多、质量好，那么儿童青少年的孤独感水平就会较低；相反的，如果得到的社会支持数量少、质量差，那么他们就会有较高的孤独感水平。邹泓对青少年同伴关系的调查中，提出了社会支持与孤独感之间的关系，研究的结果表明，如果同性朋友与教师对个体的关心较少，互选朋友较少，同伴对他的接纳水平低，那么他就会有较强的孤独感；同样，同性朋友和父母对他的亲密度越低，互选朋友越少，同伴对他的接纳水平越低，那么他就会体验到较强的孤独感；其次个体在与他人交往中的满意度越低，那么他的孤独感就会越强；如果母亲或者同性朋友给予他的惩罚过多，他也会有较强的孤独感；假如与父亲和同性朋友产生的冲突较多，互选朋友越少，同伴对他的接纳水平越低，他的孤独感就越强。[②③④]

国内学者对孤独感与自尊的关系进行了很多的调查，研究的对象大多是中学生和大学生群体。相关研究结果表明，大学生的孤独感与自尊存在显著负相关。结果表明大学生的自尊水平越低，情感孤独就越高，反之亦然。自尊水平低的大学生会对自己评价较低，难以发现自己的优点，感觉自己比别人弱，从而担心别

① Ami Rokach, Heather Brock. Coping with Loneliness. The Journal of Psychology, 1998, 132(1).

② 丁浩、方双虎:《孤独感研究综述》，载《大众科技》，2009（6）：203-204。

③ 李昱霏、王继玉:《近十年来我国儿童孤独感的研究现状与展望》，载《社会心理科学》，2010，25（3）：31-35。

④ 吴剑、蒋威宜:《孤独感及我国小学儿童孤独感研究综述》，载《思想理论教育》，2006（7-8）：105-110。

人会看不起自己、嘲笑自己，因为这样的担心他们会对自己进行过分的保护，导致自己的戒备心很强，不愿意展现自己，进而导致较高的情感孤独水平。反之，自尊水平高的大学生，能客观地认识自己，对他人敞开心扉，因而情感孤独水平较低。同样，较低的自尊水平会产生较高的社交孤独水平，反之亦然。在对中学生的调查中，得出了与上述调查研究相同的结论，即自尊与孤独感存在显著负相关。但是在[①]罗欣等人对初中留守儿童的孤独感与自尊的相关研究中却得出了自尊与孤独感存在显著正相关的结论，也就是说，儿童青少年自尊水平越高，孤独感越高，自尊水平越低，孤独感越低。这一结论的得出可能与留守儿童青少年这一特殊的被试群体有关。在对小学生自尊与孤独感的相关研究中，也得出了自尊水平与孤独感存在显著负相关的结论。

良好的人际关系是安全感、归属感和幸福感的必要前提，同伴支持，特别是友谊可以减少空虚、恐惧和孤独。友谊具有促进人际敏感性发展的功能，这一发展为以后的恋爱、婚姻和亲子关系的经历提供了原型。友谊能提供心理安全感、自我支持和自我认同、亲密关系和共同的爱好、指导和帮助、交往和相互激励，满足归属感和发展儿童的社会能力。友谊关系的良好发展可以预防儿童将来的社会适应困难，减少孤独感。友谊关系给儿童提供了一个通过观察他人、观察自己、了解自己的机会。友谊是儿童同伴关系中更具亲密性的一种关系，亲密的友谊关系可以增进青少年自尊的发展。

已有研究表明，孤独感与人格特征也存在密切的关系。经常具有孤独感的人往往性格内向，不善于表达内心想法，常常把愤懑压抑心中，久而久之，身边缺失朋友，造成了严重的社交障碍，形成孤独感。

二、自我意识的研究现状

（一）自我意识的含义

自我意识是个性的一个最重要的组成部分，是衡量个体成熟水平的标志，是整合、统一个性内部关系的核心力量，也是推动个体个性发展的内部驱动力。自我意识是人类特有的意识，是作为主体的我对自己，以及自己对待周围事物的关

① 罗欣、李扬、杨春花、覃霞：《初中留守儿童孤独感与自尊相互关系的探讨》，载《科教文汇》（上旬刊），2014（12）：210-212。

系，尤其是人与我关系的认识。国内学者普遍认为：自我意识是由知、情、意三个方面统一构成的高级反映形式。“知”即自我认识，包括自我感觉、自我概念、自我观念等；“情”指自我的情绪体验，包括自我感受、自尊、自爱等；“意”指自我控制和调节，包括自我控制和自我掌握等。其中自我概念、自尊与自我控制是自我意识的三个最重要的方面。自我意识是指对自己身心活动的觉知，也就是自己对自己的认识，其中包含认识自己的生理状况、心理特征还有自己与他人的关系。自我意识是一种复杂的心理现象，它是由自我认识、自我体验和自我控制三部分组成的。这三个部分统一于自我意识中，互相联系，互相制约。自我认识是从认识形式来看，它包含了自我感觉、自我观察、自我分析和自我批评等形式；自我体验是从情绪形式来看，它包含了自我感受、责任感、义务感和优越感等形式；自我控制是从意志形式来看，它包含了自主、自强、自制、自律等形式。

（二）自我意识的特点

人们认为自我意识是由个人的全部生活所形成的个性特征，是意识的特殊形式。它不是先天就有的，而是在人类社会历史发展过程中发生发展的。马克思主义认为，自我意识是人们在劳动中、在社会交往中产生的。这是因为人们通过劳动从而发现了自然界的特征，人们通过这些特征，在认识和了解自然界的过程中，人们也逐步认识了自己的行动给自然界所带来的因果变化。自我意识的产生和发展是人在个体与客观环境，尤其是与社会环境的相互作用过程中逐渐形成和发展起来的，其发展情况直接关系到儿童健康个性的形成和社会性发展。

（三）自我意识的结构层次

自我意识不单纯是大脑对个体的意识和反映，也是对个体和他周围环境关系的反映。自我意识包含三个层次：对自己及其状态的认识；对自己肢体活动状态的认识；对自己思维、情感、意志等心理活动的认识。自我意识是人脑对主体自身的反映。人的发展离不开周围环境，特别是人与人之间关系的制约和影响，所以自我意识也反映人与周围现实之间的关系。自我意识具有意识性、社会性、能动性、同一性等特点。

（四）自我意识包含了四个特征

1. 意识性。意识性主要指自己在与周围环境打交道时，有清晰的理解和认知，而不是无意识的行为。

2. 社会性。自我意识来源于社会，又在社会的发展过程中而发展，它既丰富了社会的发展，同时又是个体社会属性的反映。意识到个体的社会角色，意识到个体在社会关系和人际关系中的地位和相互作用，这是自我意识发展过程中走向成熟的标志。

3. 能动性。自我意识的能动性表现在能根据外界和他人的评价、态度情感和实践反思形成具体的自我意识，并且能根据自我意识来调节自己的行为和心理活动行为。

4. 同一性。许多研究结果表明，自我意识想要形成较稳定、成熟的发展过程，需要经过二十余年的发展，即一个人需要成长到青年后期才能形成成熟的自我意识。自我意识容易受到外界的评价和态度的影响而发生改变，但是到了青年后期，个体的认知会保持同一性，使得心理面貌前后一致，个体也能够与其他人的个性相区别，形成一个独特的个性。

（五）国外有学者将儿童的自我意识划分为三个阶段

第一阶段是自我为中心时期（8 个月—3 岁）；第二阶段是客观化时期（3 岁—青春期）；第三阶段是主观化时期（青春期—成年），属于自我意识成熟，进入心理自我的时期，其个性逐渐形成。在[①]弗里曼（Freeman）的研究发现中可知，一般自我意识的发展曲线是起伏变化的，从小学到初中逐渐下降，青春期后显著上升，大学毕业后又开始下降，到中年以后又再次回升，并随着年龄的增长而平稳下降。这种趋势发生的时间和起伏的高度随着自我意识内容的不同而变化。[②]马什（Marsh）在他的研究中发现处于 11—14 岁的孩子其自我概念意识处于最低点，个性是一个复杂多层次的动力结构，其包括自我意识、个性倾向性、心理特征三大部分，各部分相互影响，相互作用，在发展的过程中不断

① Freeman WH. Self as narrative: the Place of Life History in Studying the Life Span[M] Thomas M. Richard. York: State University of New York Press, 1992: 15-43.
② Marsh HW etal. Child Dev. 1998, 69（4）: 1030-1053.

变化，使个性各个部分整合、统一起来的主导力量是自我意识。自我意识有如下几种功能：第一，信息加工功能。人们对与自己相一致的刺激特别敏感，且助于回忆和认知；第二，动机功能。自我意识能推动人们的具体活动，人们总是按照自我定义去不断完善自己的行为发展；第三，情感调节功能。当人们遇到与刚开始接收到的自我意识信息不一致时，先前的自我概念就会受到威胁，产生消极情绪，为保护个体本身而调节自我结构和内容，消除新信息带来的消极情绪。1890 年，詹姆斯（James）在其《心理学原理》书中首次提出了系统的自我意识理论，后来许多心理学家都把关注点放在这一领域进行研究。

从精神分析理论的角度来看，弗洛伊德将自我意识分成了本我、自我和超我三个部分。他认为本我包含要求得到眼前满足的一切本能的驱动力，它遵循快乐原则行事，急切地寻找发泄口，一味追求满足。本我中的一切，永远都是无意识的；超我代表良心、社会准则和自我理想，是人格的高层领导，它按照至善原则行事，指导自我，限制本我的发展，是人性中相对道德化的部分，按照道德原则行事；而自我是介于本我和超我中间的部分，代表理性和机智，具有防卫和中介功能，它按照现实的原则来行事，充当仲裁者，监督本我的各种活动，给予适当的满足。自我的能量大部分消耗在对本我的控制和压制上。本我、自我和超我三者之间有不同的功能，本我极力地想要表现自己，获得快乐的欲望，而超我经常控制并压抑本我，为了防止本我违反道德约束，因此，二者易产生冲突矛盾，当本我经常被超我压抑的时候，本我的需要就会潜伏到人的潜意识当中，但是这种需要仍然会继续影响个体的行为。而自我则在本我和超我之间起着协调的作用，它会使用各种心理防御机制对本我和超我进行调节，使二者达到一种平衡的状态。

（六）处在小学阶段的儿童，其自我意识随着年龄的增长而增长

整个小学时期的儿童自我意识虽然在不断地发展，但是并不是直线上升的发展，而是呈现一种非直线螺旋上升的模式，既有上升的阶段，也有停滞稳定的发展。处在上升期的阶段是小学的 1—3 年级，其中小学 1—2 年级为上升发展的高峰期，这时儿童的自我意识上升的幅度最大；而处于小学 3—5 年级的儿童，

其自我意识的发展为平稳阶段；小学 5—6 年级又处于第二个上升期。[①] 青少年时期的儿童的独立意识和自我关切意识强烈，有较强的自尊心和自信心，处于这一时期的儿童的自我意识迅速发展，同时也对儿童的成长起着重要的作用。自我意识的不断提高也标志着儿童的成熟，同时也是儿童在社会化的过程中必须要经历的时期，另一方面讲，自我意识的增强也会给儿童带来很多问题。[②]

三、关于自我意识与孤独感的研究

研究发现，儿童孤独感和自我意识是负相关的关系，并且通过回归分析显示，在自我意识的合群、幸福与满足、焦虑三个因子对儿童的孤独感具有较强的预测作用。同样，[③] 薛敏在研究中发现儿童的孤独感与自我意识总分及各分量表得分存在显著的负相关，其中孤独感与合群、自我意识总分均存在较高的相关。在 [④] 肖晓玛的研究中发现自我意识总分及各因子与心理健康的各因子及总分间存在显著负相关，即学生自我意识发展水平越高，在心理健康量表上的得分越低，心理健康水平越好。回归分析进一步证明了无论是总体心理健康，还是心理健康的各个因素，可以至少由自我意识的另一个指标来预测。这一研究结果也印证了前者的研究结论。

综上所述，目前对流动儿童的自我意识和孤独感状况及其影响因素的相关研究还处于初级阶段，尤其对于西部地区而言，有学者认为是留守儿童比较集中的地区，根据目前的研究结果来看，对留守儿童有关心理健康问题研究比较多，也比较全面，但是更应该关注的一部分就是流动儿童，不论是东西部不同风俗习惯地区之间由于经济发展引起的流动，还是省内不同区县之间相同文化背景下发生的流动，这一部分儿童都需要我们去关注。

---

① 谢华、苟萍：《近十年来我国儿童青少年孤独感本土化研究综述》，载《当代教育论坛》，2007（11）：36-38。

② [德] 多丽斯·沃尔夫著，海民译：《克服孤独》，12-13 页，北京，中央编译出版社，2008。

③ 薛敏、昝旻、李宇：《寄宿制小学生自我意识和孤独感的现状研究》，载《四川教育学院学报》，2010（11）：8-10。

④ 肖晓玛：《初中生自我意识的发展及其与心理健康的关系》，广西师范大学硕士学位论文，2002。

第二节　研究设计

一、研究对象

考虑到量表对于被试年龄的要求，尤其是1—2年级的儿童年龄较小，对量表一些内容理解有一定的困难，所以仅对某市3—6年级儿童进行调查研究，采用分层随机取样的方法，随机抽取550人进行测试。调查中一共发放550份问卷，经统计，有效问卷525份，有效率为95.5%。被试对象的信息分布情况如下表9-1。

表9-1　被试信息分布情况

变量	类别	人数	百分比
性别	男	246	46.9%
	女	279	53.1%
学校	学校1	271	51.6%
	学校2	254	48.4%
年级	三年级	184	35.0%
	四年级	110	21.0%
	五年级	138	26.3%
	六年级	93	17.7%
儿童类型	一般儿童	309	58.9%
	流动儿童	216	41.1%
是否独生子女	是	94	25.6%
	否	273	74.4%

二、研究工具

本研究采用由美国心理学家皮尔斯（Piers）及哈里斯（Harris）编制的《儿

童自我意识量表》、由亚瑟（Asher）、海梅尔（Hymel）和伦肖（Renshaw）编制的《儿童孤独量表》对 550 名小学生进行测量。了解其在自我意识和孤独感方面上的具体情况。两个量表都拥有良好的信效度，能准确地测量出研究所要测量的变量。

三、数据处理

本研究利用统计软件 SPSS20.0，采用独立样本 t 检验、单因素方差分析、相关分析以及回归分析，对数据进行了整理、分析。

第三节　研究结果

一、描述统计分析

（一）自我意识的描述统计分析

表 9-2　自我意识的总体现状

自我意识			
得分	> 66	54-66	< 66
人数	53	191	281
百分比	10.1%	36.4%	53.5%

本次调查共有 525 人，自我意识总分大于 66 分，即高自我意识的有 53 人，占总人数的 10.1%；自我意识总分在 54-66 之间的，即正常自我意识的有 191 人，占总人数的 36.4%；而自我意识总分低于 54 分，即低自我意识的有 281 人，占总人数的 53.5%。

表 9-3　自我意识在年级上的差异

	三年级	四年级	五年级	六年级	组合差值	显著性
行为	11.64 ± 2.73	12.15 ± 2.40	11.04 ± 3.56	12.3 ± 2.97	4.509	0.004
智力与学校情况	9.33 ± 3.29	9.72 ± 3.40	9.07 ± 3.24	9.77 ± 3.62	1.190	0.313
躯体与外貌属性	6.49 ± 2.99	5.80 ± 2.93	6.16 ± 3.05	6.60 ± 2.97	1.677	0.171
焦虑	8.60 ± 2.81	8.68 ± 2.89	7.69 ± 2.89	8.67 ± 2.99	3.713	0.012
合群	7.94 ± 1.99	8.34 ± 2.06	7.78 ± 2.40	8.13 ± 2.27	1.527	0.206
幸福与满足	6.80 ± 1.93	7.06 ± 1.88	6.51 ± 2.24	7.19 ± 2.12	2.617	0.050
自我意识	51.30 ± 10.48	52.9 ± 11.15	48.73 ± 12.84	53.01 ± 12.56	3.626	0.013

由表 9-3 可知，采用单因素方差分析了解不同年级儿童的自我意识的得分情况，不同年级儿童在自我意识总分以及行为、焦虑、幸福与满足等维度上是存在显著差异的。在自我意识总分、行为维度以及幸福与满足维度上，四年级儿童和六年级儿童的得分与五年级儿童之间均存在显著差异，且四年级、六年级儿童得分高于五年级。在焦虑维度上，三年级、四年级、六年级儿童的得分均与五年级儿童存在显著差异，而且三年级、四年级、六年级儿童得分都高于五年级。

表 9-4　自我意识在性别中的差异

	男	女	t 检验	显著性
行为	11.21 ± 3.14	12.15 ± 2.76	−3.613	0.000
智力与学校情况	9.33 ± 3.41	9.50 ± 3.32	−0.587	0.558
躯体与外貌属性	6.14 ± 3.12	6.40 ± 2.89	−0.974	0.330
焦虑	8.73 ± 2.87	8.09 ± 2.90	2.557	0.011
合群	7.77 ± 2.23	8.23 ± 2.10	−2.440	0.015
幸福与满足	6.66 ± 2.11	7.01 ± 1.98	−1.990	0.047
自我意识	50.42 ± 12.21	52.03 ± 11.28	−1.567	0.118

由表 9-4 可知，通过 t 检验分析不同性别儿童在自我意识上的得分情况。结果发现，男生在焦虑维度上的得分高于女生，差异显著。女生则在行为、智力与学校情况、躯体与外貌属性、合群、幸福与满足和自我意识这 6 个维度上的得分都高于男生，且具有显著差异。

表 9-5　自我意识在是否独生子女上的差异

	独生	非独生	t	p
行为	12.14 ± 2.91	11.93 ± 2.91	0.587	0.558
智力与学校情况	10.45 ± 3.49	9.35 ± 3.29	2.748	0.006
躯体与外貌属性	6.99 ± 2.91	6.25 ± 3.00	2.081	0.038
焦虑	8.39 ± 2.97	8.43 ± 2.87	−0.111	0.911
合群	7.96 ± 2.52	8.16 ± 2.10	−0.770	0.442
幸福与满足	6.87 ± 2.08	7.01 ± 1.99	−0.575	0.565
自我意识	52.93 ± 13.36	51.86 ± 11.13	0.761	0.447

由表 9-5 可知，采用 t 检验分析是否独生子女在自我意识上的得分情况，独生子女在自我意识总分以及行为、智力与学校情况、躯体与外貌属性等维度上的得分高于非独生子女，且在智力与学校情况、躯体与外貌属性维度上达到显著水平。非独生子女在焦虑、合群、幸福与满足维度上的得分高于独生子女，但是不具有显著性差异。

（二）孤独感的描述性统计分析

表 9-6　孤独感的总体现状

	孤独感	
得分	≥ 46	< 46
人数	237	288
百分比	45.1%	54.9%

由表 9-6 可知，在进行调查的 525 人中，孤独感得分为 46 分及以上的，即存在孤独感的儿童有 237 人，占总人数的 45.1%。

表 9-7　孤独感在年级上的差异

	三年级	四年级	五年级	六年级	F	p
孤独感	43.47±10.25	40.22±12.86	42.07±10.46	38.43±11.84	4.848	0.002

由表 9-7 可知，采用单因素方差分析不同年级儿童孤独感的得分情况，得出三年级儿童的孤独感得分高于四年级儿童、五年级儿童、六年级儿童，且达到显著水平。

表 9-8　孤独感在儿童是否有独立房间上的差异

	有独立房间	无独立房间	t	p
孤独感	39.03±11.76	41.96±11.20	−2.314	0.021

由表 9-8 可知，采用 t 检验分析是否有自己独立房间在孤独感上的得分情况。无自己独立房间的儿童的孤独感得分高于有自己独立房间的儿童，且达到显著水平。

二、自我意识与孤独感的相关分析

表 9-9　自我意识与孤独感的相关分析

	行为	智力与学校情况	躯体与外貌属性	焦虑	合群	幸福与满足	自我意识
孤独感	−0.328**	−0.285**	−0.262**	−0.227**	−0.313**	−0.307**	−0.392**

注：*p<0.05；**p<0.01；***p<0.001

由表 9-9 可知，采用相关分析对儿童自我意识与孤独感进行研究。孤独感与自我意识总分以及行为、智力与学校情况、躯体与外貌属性、焦虑、合群、幸福与满足等维度上均呈显著负相关。

三、自我意识与孤独感的回归分析

表 9–10　自我意识与孤独感的回归分析

	回归系数 β	标准化回归系数 β	t	P
回归常数	60.780		29.198	0.000
行为	−0.619	−0.163	−2.892	0.004
智力与学校情况	−0.211	−0.063	−0.993	0.321
躯体与外貌属性	−0.278	−0.074	−1.163	0.245
焦虑	0.129	0.033	0.598	0.550
合群	−0.779	−0.150	−2.746	0.006
幸福与满足	−0.455	−0.083	−1.369	0.172
F	15.889			0.000
R	0.394			
R^2	0.155			
调整后的 R^2	0.146			

由表 9–10 可知，进入回归方程的 6 个预测变量在预测孤独感得分时，多元相关系数为 0.394，经过调整的决定系数为 0.155。所有预测变量在预测儿童孤独感时，进入回归方程的显著变量有两个，按其对孤独感的贡献率大小排列为行为、合群。多元回归方程为：孤独感 =60.780+（−0.619）* 行为 +（−0.211）* 智力与学校情况 +（−0.278）* 躯体与外貌属性 +0.129* 焦虑 +（−0.779）* 合群 +（−0.455）* 幸福与满足。

第四节 讨论分析

一、描述性统计分析

（一）自我意识在性别上的差异分析

女生在自我意识的总分以及行为、智力与学校情况、躯体与外貌属性、合群、幸福与满足这五个维度上的自我意识得分显著高于男生，但是在焦虑维度上的男生的自我意识得分高于女生。经查阅资料，在[①]于增艳的研究中得出了女生自我意识高于男生自我意识的结论。同样，在[②]姚梅玲的研究中也得出了女生自我意识高于男生，且在行为、智力与学校情况、躯体与外貌属性、合群等维度上高于男生，但是男生在焦虑维度上的得分高于女生，本次研究的结果与之吻合。

男女生自我意识水平的差异也许是由于社会对不同性别的角色的要求存在差异造成的。在中国的文化背景下，社会对于不同性别的期望和态度是不同的，这使得女性在自我意识发展上存在更多的要求。正是这样的要求导致了女生在行为上表现得更为得体，智力与学校情况更为优秀，有较高的自我肯定，人际关系也更为良好，更能感觉到幸福与满足。也恰恰由于社会对女性的要求更高，致使女生因为害怕达不到社会的期望而引发焦虑，所以女生的焦虑得分要低于男生。

（二）自我意识在年级上的差异分析

不同年级的儿童在自我意识总分以及行为、焦虑、幸福与满足等维度上的自我意识存在显著差异。从自我意识总分上得出三、四、六年级儿童的自我意识均比五年级的儿童高，这一结果说明，儿童自我意识发展并不是持续上升的，而是呈现 U 字形的曲线。五年级儿童比三、四、六年级的儿童存在更多的行为问题，

① 于增艳、刘爱书：《不同社交地位小学生的自我意识与社交焦虑的特点及关系》，载《中国心理卫生杂志》，2007，21（9）：598-601。

② 宋春兰、段桂琴、姚梅玲：《自然情景教学治疗儿童孤独症的临床评价》，载《中国实用神经疾病杂志》，2020，23（19）。

也更容易产生焦虑，不容易感到幸福和满足。产生这一现象的原因可能是因为五年级的儿童处于青春期的初期，在这一时期，儿童在生理和心理上都产生了巨大的变化，也会产生更多的渴望和需求，但是由于他们的心理发展水平有限，这些渴望和需求常常不能够实现，从而产生挫折感，引发焦虑。也正因为这一时期的儿童身心发展不平衡，使得他们会面对更多的心理危机，并表现出一些心理和行为问题。当他们的渴望和需求得不到满足时，会出现心理和行为问题，这导致了这一时期的儿童不容易体会到幸福与满足。

（三）自我意识在独生子女和非独生子女维度上的差异分析

独生子女的自我意识总分虽稍高于非独生子女，但不存在显著差异，独生子女在智力与学校情况、躯体与外貌属性上的得分显著高于非独生子女。而非独生子女在焦虑、合群、幸福与满足维度上得分显著高于独生子女。独生子女与非独生子女在自我意识水平上有所不同，不能说谁优于谁。

独生子女对于非独生子女而言在家庭中会更多地得到来自于父母和长辈的关爱和期望。所以在独生子女的成长过程中更容易考虑别人的感受和情感，也更加在乎别人对于自己的看法。而非独生子女有其兄弟姐妹，父母对他们的关心就会比较分散，所以他们在对他人对自己的看法上的感受就会比较弱。由于我国目前还处于实现全面小康社会的过程中，所以一个正常的家庭对于养育子女所投入的金钱和精力是有限的，子女越多，平均获得的教育经费和生活经费就会越少，而这就会造成儿童智力与学习水平上的差异。非独生子女由于其兄弟姐妹的存在，玩伴就会更多，当他们遇到困难的时候就可以向其兄弟姐妹们商量和寻求帮助，而独生子女则不同，他们在遇到问题之后如果自己无法解决就会想办法将问题隐藏起来不让别人知道。同时也由于非独生子女有其兄弟姐妹的存在也会更懂得与他人分享而不是只考虑自己，这样会使得自己更为合群，也更容易体会到幸福与满足。魏俊彪、范宇博等人也有相同的看法。

（四）孤独感在儿童有无自己的独立房间上的差异分析

有自己独立房间的儿童在自我意识总分以及各维度上的得分都稍高于没有自己独立房间的儿童，但差异并不显著。这一结果说明了，如果儿童有自己独立的房间，这为儿童提供了可供自己支配的空间，会使儿童产生主人翁意识。同时儿童有自己的独立房间也表明了父母对儿童的尊重，以及家庭经济水平处于中上等。这些因素也会对儿童自我意识水平的提高产生一定的影响。

（五）孤独感在年级上的差异分析

在整体上儿童的孤独感水平随着年级的增高呈现出下降的趋势。小学儿童的孤独感在年级上存在差异可能与小学生的社会适应性发展有关。低年级的小学生在学校学习生活中的适应水平较低，因此在学习以及人际交往等方面存在困难，更易产生疑惑或者忧虑的情绪体验，从而体验到较高的孤独感。但是通过儿童年级的升高，他们就会掌握更多的人际交往技能，这时他们就可以做到更好地与他人合作、交流，并且高年级的小学生与同伴已经有了很长一段时间的相处，彼此之间也有了更深的了解，所以孤独感会逐渐地降低。

二、自我意识和孤独感的相关及回归分析

结果表明儿童自我意识与孤独感存在显著的负相关，各分量表也存在显著的负相关。薛敏、[①] 孙彦等人也得出了相同的结论。也就是说，孤独感较低的儿童通常是自我意识水平高的，他们能够正确地认识自己，给自己更多积极的评价，也更加自信。而孤独感较高的儿童往往是自我意识偏低的，他们对自己的评价更为消极，缺乏自信，有着强烈的自卑感。

通过回归分析发现行为，合群对儿童孤独感具有较强的预测作用。这与 [②] 吴文明、[③] 刘晓丹等人的结论是一致的。行为得分高，表明儿童行为较为适当；行为得分低，提示该儿童认为自己的行为不得当。攻击他人、乱发脾气、扰乱课堂秩序都是不适当的行为，有这些行为的儿童往往会受到同伴的排斥，也会使得父母和老师对他们不满，与此同时，在他们感受到排斥的时候，为了使自己的自尊不受到伤害，他们也会避免与其他人接触，产生不良的人际关系，这样会导致内心

① 孙彦：《自我意识对儿童孤独感的影响》，载《职业与健康》，2013，（6）：716-717-601。
② 吴文明：《小学高年级学生自我概念与孤独倾向、自责倾向的关系研究》，南京师范大学，2011。
③ 刘晓丹：《儿童的孤独感与自我意识的关系》，载《成功》（教育版），2009（10）：170-171。

消极情感的产生，感受到孤独。不合群的儿童在同伴中受到排斥，他们的烦恼无处倾诉，他们渴望得到关怀和帮助，在这样的状态下他们会更加的孤独与无助。

三、结论

根据本研究对调查数据的处理和分析，可以得出以下结论：

1. 儿童自我意识在性别、年级上存在明显差异。
2. 独生子女与非独生子女自我意识存在差异。
3. 有独立房间的儿童与无独立房间的儿童孤独感存在差异。
4. 儿童孤独感在年级上存在差异。
5. 儿童自我意识和其余各维度均与孤独感存在显著负相关。
6. 儿童的行为、合群对孤独感有较强的预测作用。

第十章

青海省大学生网络使用和心理健康研究

为探析民族地区网络背景下大学生心理健康的特点，随机抽取青海8所高校大一至大四的2610名在校大学生，采用文献法、问卷调查法和访谈法对网络使用状况、心理健康和心理健康课程开设情况进行调查。结果发现：1.多数大学生接触使用网络的时间较早、每天上网时间较长、更多地使用手机，而非电脑。网络依赖（成瘾）大学生占14.63%。2.从总体上看，与全国大学生常模相比，青海省大学生的心理健康水平偏低，在民族（除偏执因子外）、性别（除恐怖因子外）上存在显著差异。其中，在人际关系敏感、偏执因子上，显著低于全国大学生常模（$p<0.01$），在躯体化、强迫症状、焦虑、恐怖、精神病性因子上，显著高于全国大学生常模（$p<0.01$）。3.各高校均设置了心理健康教育课程，符合教育部要求。虽设有大学生心理健康中心，但配备的设施均不齐全，所调查的8所高校除卫生学院外均只对新生建立心理档案，没有延续性。

第一节　研究背景和意义

随着移动互联网技术的高速发展，QQ、微信、微博等网络媒介已深入社会的各个方面，越来越多的人加入到互联网中。在网络中，各种知识竞相开放，网络内容丰富复杂，良莠不齐，各种意识形态、价值观念的信息对当今人们的思想产生着不同的影响。网络已成为当代大学生学习和生活中不可或缺的一部分，越来越深刻地影响和改变着大学生的心理和行为方式。网络的使用，改变了大学生的交往模式，拓宽了大学生人际交往的方式和空间，有助于大学生全方位、多层次地通过信息传输参与广泛的社会交往。但网络也易使人产生虚拟感，网络让陌生人相识，变得没有距离感，而现实生活中，很多人又不愿意在别人面前流露自己真实的思想感受，相处一室，却有着遥远的心理距离。缺乏面对面的沟通交流，淡漠人与人之间的感情交往。同样，大学生也不可避免地遭受到网络与信息时代的洗礼。他们花费大量的时间、精力，运用多种方式和手段在互联网上，潜移默化中接受着各种影响，影响着他们学习、生活的方方面面，甚至影响到他们心理的健康成长。在多民族聚居的青海，多种文化相互交融，时刻影响着大学生的思想观念。网络盛行时代，加之生活在多元文化中，青海省大学生的心理健康问题更值得我们关注。

本研究旨在对网络时代下青海省高校大学生的心理健康水平进行探析，把握网络对青海大学生心理健康状况的影响程度，为网络时代下大学生心理健康教育提供具体的数据分析与对策建议。

第二节　研究设计

一、被试选取

研究采用分层随机抽样法，选取青海大学、青海大学昆仑学院、青海民族大学、青海交通职业技术学院、青海卫生职业技术学院、青海建筑职业技术学院、青海警官职业学院、青海师范大学共 8 所高校大一至大四的 2610 名在校大学生进行测验。调查问卷收回后，剔除 184 份无效数据，得到 2426 份有效数据，有效率为 92.95%。被试具体状况见图 10-1 至图 10-7。

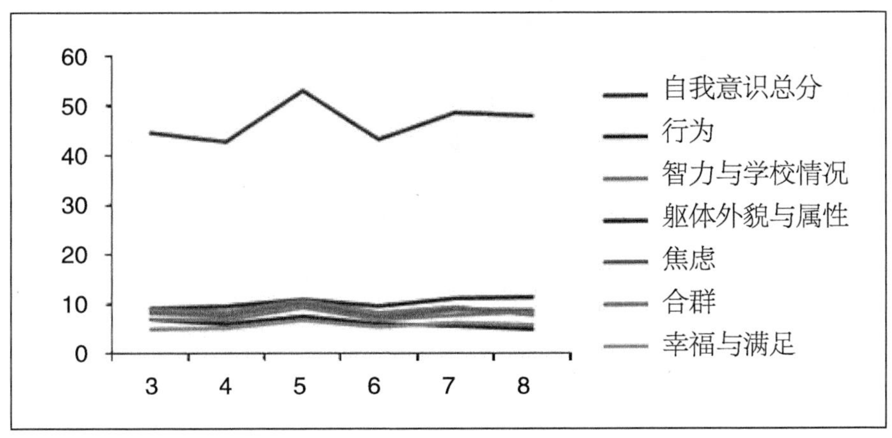

图 10-1　学校分布

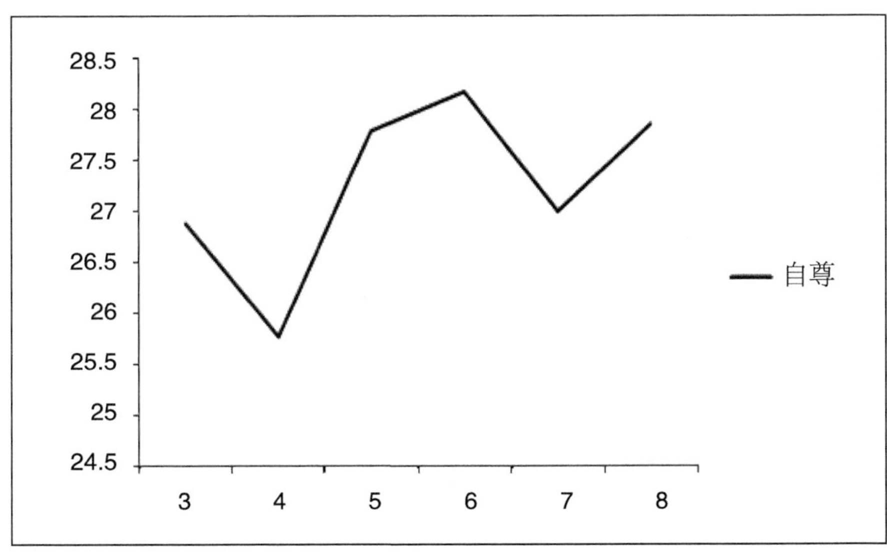

图 10-2　性别分布

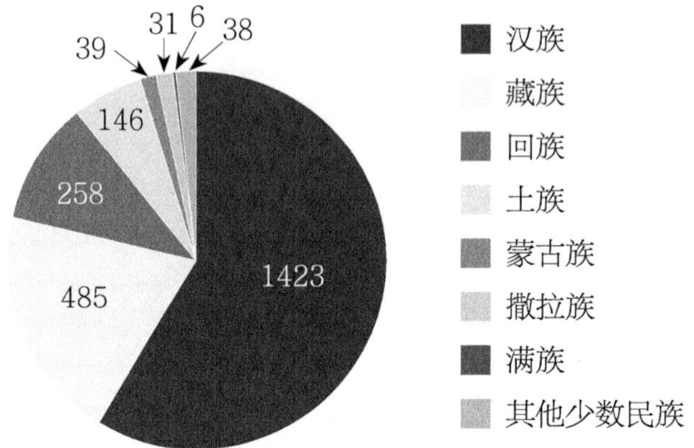

图 10-3　民族分布

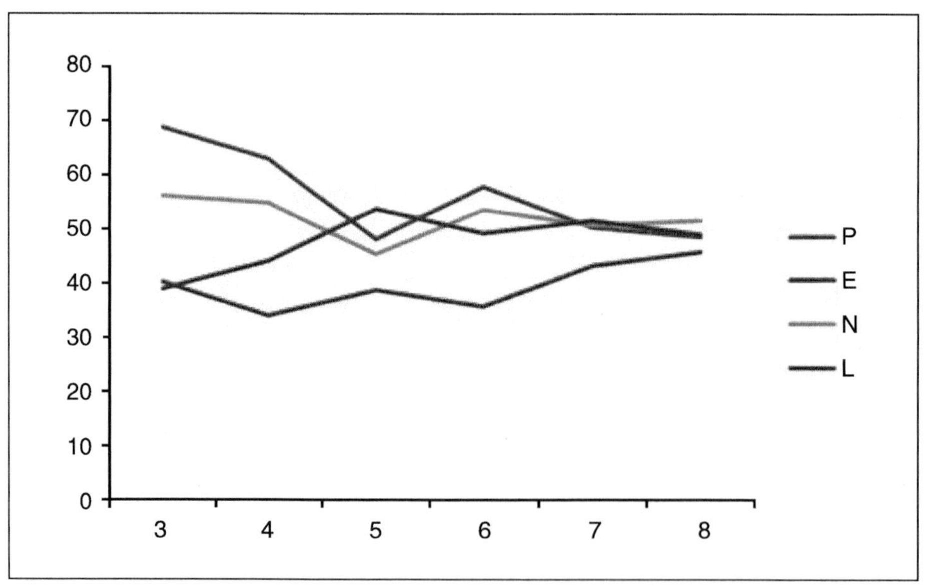

图 10-4　年级分布

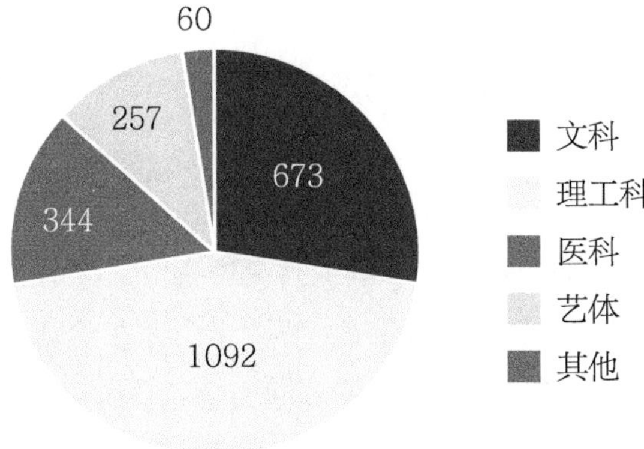

图 10-5　学科分布

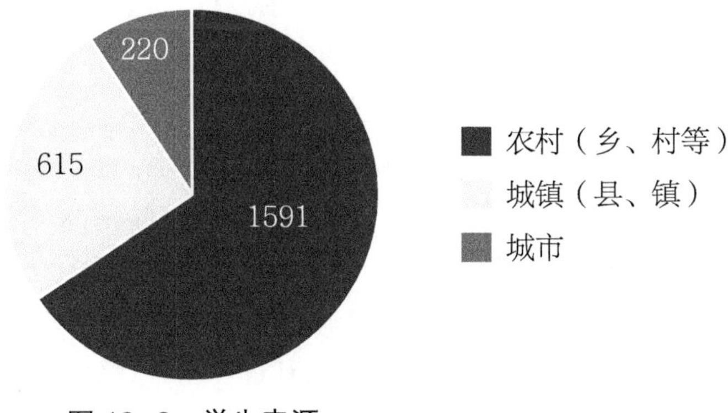

图 10-6　学生来源

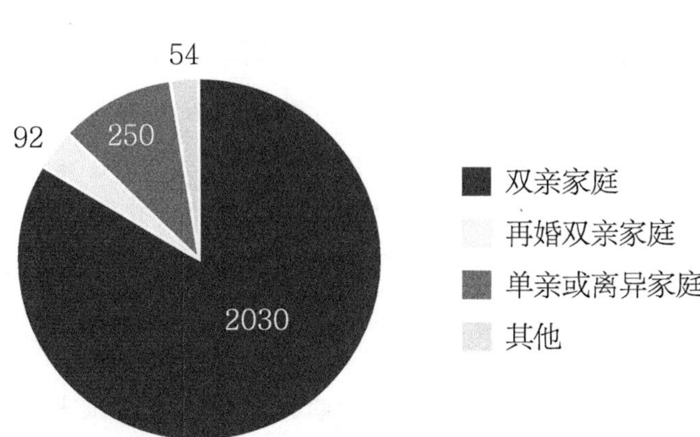

图 10-7　家庭类型

二、研究工具

（一）大学生基本信息调查表

主要是调查人口学资料的相关内容。

（二）《心理健康水平自评量表（SCL-90）》

SCL-90 包含 90 个项目，主要评定个体在感觉、情绪、思维、行为直至生活习惯、人际关系、饮食睡眠等方面的心理健康状况。被试根据自己一周以来的实际情况进行评定。在研究中，采用 0—4 计分。本研究对心理健康水平自评量表（SCL-90）的信度进行了检验，得出其内部一致性系数，也即同质性信度为 0.987（$p<0.01$），其分半系数为 0.952（$p<0.01$）。各个分量表的 0.840-0.929。p 值都小于 0.01。因此，可以说明症状自评量表（SCL-90）具有优良的信度。

（三）《大学生网络行为调查表》

由杨晓峰 2006 年编制，在测试过程中，根据青海多民族、多元文化背景等多方面因素，对测试问卷进行了修订。修订后的《大学生网络行为调查表》包含两个部分:《大学生网络使用基本情况调查表》和《大学生网络依赖程度调查表》。其中,《大学生网络依赖程度调查表》包括三个因素，共 20 个题目，采用利克特 5 点记分。本研究将总分在 60 分以上（含 60 分）的被试定义为“网络使用依赖群体”，60 分以下的被试定义为“网络使用正常群体”。

（四）《大学生网络依赖程度调查表》

本研究对实际施测的《大学生网络依赖程度调查表》的信度进行了检验，得出其内部一致性系数，也即同质性信度为 0.921（$p<0.01$），其分半系数为 0.859（$p<0.01$）。三个分量表的内部一致性系数分别为 0.880、0.836、0.820（$p<0.01$）。因此，这些数据可以说明本研究对实际施测的《大学生网络依赖程度调查表》具有良好的信度。

（五）自编《高校心理健康教育课程设置调查表》

通过调查了解各校心理健康教师对于本校心理健康教育工作的满意程度。以因子分析的结果来验证其结构效度，在评价模型的适合性时，选择的指标是侯杰泰老师的指标，采用 χ^2、df、p、RMSEA、NNFI、CFI、GFI、AIC、BIC、ECVI 这几个拟合指数来评估模型的拟合程度，各项拟合指数见表 10-2，按照上述标准，三因素模型拟合良好。

三、研究方法

本研究采用文献法、问卷调查法和访谈法。

四、统计分析方法

使用 SPSS22.0 和 AMOS22.0 对数据进行探索性因素分析、验证性因素分析、相关分析、t 检验以及单因素方差分析。

第三节　研究结果

一、大学生网络使用状况分析

（一）大学生网络使用基本情况分析

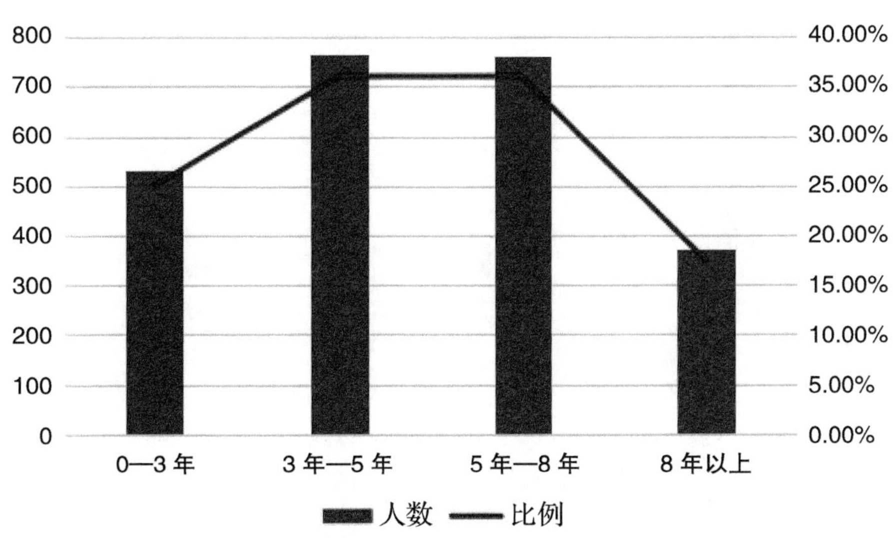

图 10-8　2426 名大学生的网龄

由图 10-8 看出大学生的网龄。占比例最大的学生的网龄是 3—5 年和 5—8 年，各分别占到 31.49% 和 31.37%，其次是 3 年以下，比例 21.85%。

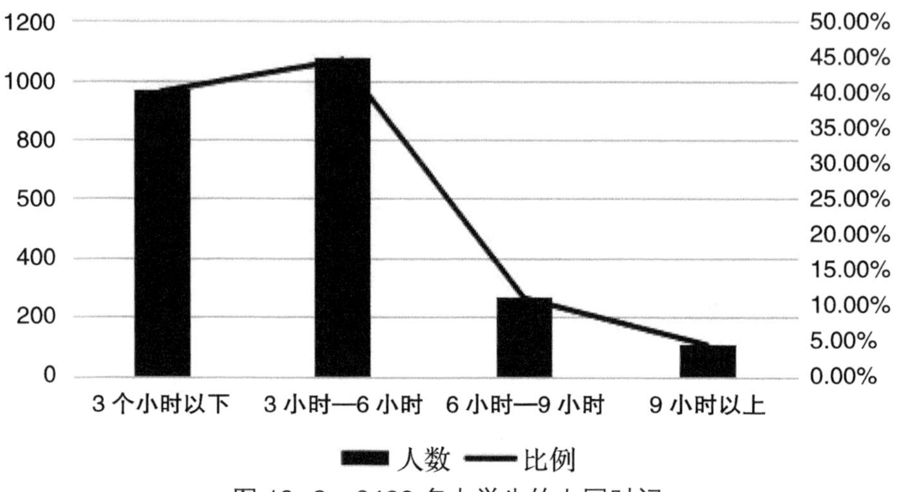

图 10-9　2426 名大学生的上网时间

图 10-9 显示的是大学生每天的上网时长。比例最多的大学生每天上网时长是 3—6 小时，所占比例为 44.44%，其次是 3 小时以下，所占比例 40.02%，6—9 小时的占 11.05%。

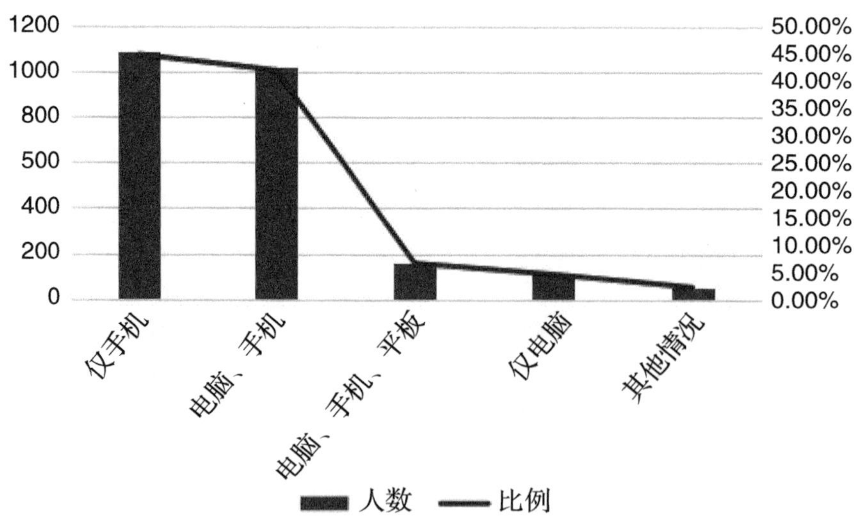

图 10-10　2426 名大学生使用的上网工具

图 10-10 显示的是大学生使用的上网工具。有将近 45% 的大学生仅使用手机上网，4.53% 的大学生仅使用电脑上网，而使用电脑和手机上网的大学生，比例为 41.96%。

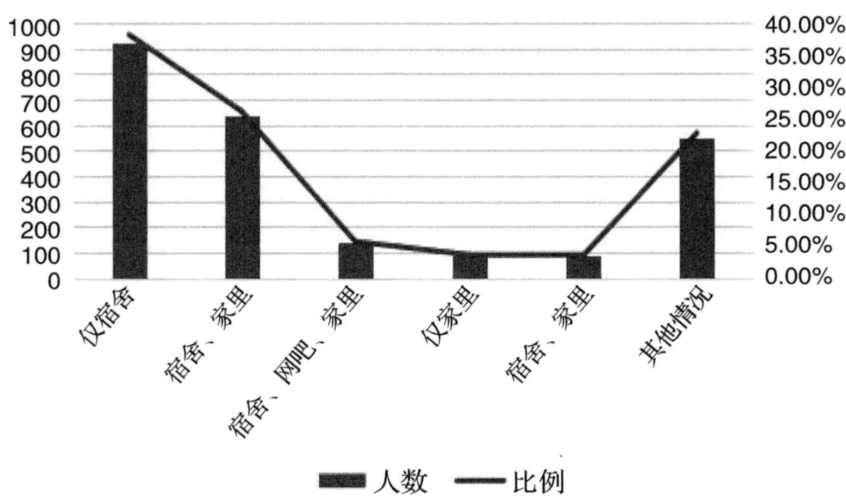

图 10-11　2426 名大学生的上网地点

图 10-11 是大学生上网的地点，仅在宿舍上网的占到 38.21%，在宿舍和家里上网的占到 26.17%。

（二）大学生网络依赖情况分析

表 10-1　大学生网络依赖情况

	人数	比例
正常群体	2071	85.37%
依赖群体	355	14.63%

由表 10-1 可知，2426 名大学生中，有 355 人属于网络使用依赖（成瘾）群体，2071 人属于网络使用正常群体。

（三）大学生网络依赖在性别上的差异检验

采用独立样本 t 检验，对青海省高校大学生网络依赖在性别上的差异进行检验，结果见表 10-2。

表 10-2　大学生网络依赖在性别上的差异检验

	男（n=935）	女（n=1491）	t
健康与人际问题	2.11 ± 0.85	1.91 ± 0.72	6.566***
戒断性	2.37 ± 0.88	2.36 ± 0.80	0.66
耐受性	2.43 ± 0.80	2.55 ± 0.81	0.713**

注：$p<0.05$* $p<0.01$**$p<0.001$****（下同）

由表 10-2 可知，在健康与人际问题上性别差异达到统计学水平，男生得分显著高于女生。在戒断性上无统计学差异。在耐受性上性别差异达到统计学水平，女生显著高于男生。

（四）大学生网络依赖在年级上的差异检验

采用单因素方差分析，对青海省高校大学生网络依赖在年级上的差异进行检验，结果见表 10-3。

表 10-3　大学生网络依赖在年级上的差异检验

因子	年级	均值	标准差	组方差值	事后检验
健康与人际问题	大一	1.9569	0.72057	7.223*	2<4，1<4，3<4
	大二	1.9818	0.80081		
	大三	1.9470	0.76013		
	大四	2.2115	0.86683		

续表

因子	年级	均值	标准差	组方差值	事后检验
戒断性	大一	.8126	0.81887	9.869*	2<4，1<4，3<4
	大二	.8261	0.86005		
	大三	.7693	0.83159		
	大四	1.1246	0.98906		
耐受性	大一	2.5276	0.76283	3.264*	1>4，3>4
	大二	2.4994	0.81666		
	大三	2.5414	.83532		
	大四	2.3522	.85443		

注：事后检验中1 大一；2 大二；3 大三；4 大四。*$p<0.05$；**$p<0.01$；***$p<0.001$

由表10-3可知，青海省高校大学生中大一和大四、大二和大四，大三和大四的学生的健康与人际问题因子上以及戒断性因子上差异显著，大一和大四、大三和大四的学生的耐受性上差异显著。

二、大学生心理健康现状调查

1. 大学生心理健康总体情况

在本研究中，SCL-90采用0-4记分，重新转换计分方式后，与全国大学生常模进行比较，结果见表10-4。

表10-4　大学生心理健康总体情况

因子	青海省大学生（n=2426）	全国大学生常模（n=4141）	t	p
躯体化	1.65±0.74	1.45±0.49	13.43	0.000
强迫症状	2.05±0.78	1.99±0.64	3.67	0.000
人际关系敏感	1.89±0.79	1.98±0.74	−5.85	0.000

续表

因子	青海省大学生（n=2426）	全国大学生常模（n=4141）	*t*	*p*
抑郁	1.84 ± 0.79	1.83 ± 0.65	0.92	0.358
焦虑	1.79 ± 0.76	1.64 ± 0.59	9.47	0.000
敌对	1.78 ± 0.77	1.77 ± 0.68	0.918	0.359
恐怖	1.71 ± 0.79	1.46 ± 0.53	15.50	0.000
偏执	1.74 ± 0.76	1.85 ± 0.69	−7.46	0.000
精神病性	1.70 ± 0.74	1.63 ± 0.54	4.67	0.000

由表 10–4 可知：在躯体化、强迫症状、焦虑、恐怖、精神病性因子上，青海省大学生得分显著高于全国大学生常模（$p<0.01$），其中，强迫症状尤为突出；在人际关系敏感、偏执因子上，显著低于全国大学生常模（$p<0.01$）；在抑郁、敌对因子上，与全国大学生常模无显著差异（$p>0.05$）。

2. 大学生心理健康在民族上的差异检验

表 10–5　大学生心理健康在民族上的差异检验

		n	*M*±*SD*	*F*	事后检验
躯体化	汉族	1423	0.65 ± 0.76	2.69*	1>4；3>1；3>2
	藏族	485	0.63 ± 0.7		3>4
	回族	258	0.77 ± 0.77		
	土族	146	0.51 ± 0.55		
	蒙古族	39	0.72 ± 0.84		
	撒拉族	31	0.72 ± 0.83		

续表

		n	$M±SD$	F	事后检验
强迫症状	汉族	1423	1.03±0.79	3.12**	3>1；2>4
	藏族	485	1.09±0.78		
	回族	258	1.2±0.84		
	土族	146	0.92±0.65		
	蒙古族	39	1.09±0.95		
	撒拉族	31	1.08±0.8		
人际关系敏感	藏族	485	0.93±0.82		
	回族	258	1.07±0.83		
	土族	6	0.8±0.7		
	蒙古族	39	0.87±0.82		
	撒拉族	31	0.95±0.8		
抑郁	汉族	1423	0.83±0.8	2.80*	3>1；3>2；3>4
	藏族	485	0.85±0.76		
	回族	258	1.01±0.8		
	土族	146	0.74±0.69		
	蒙古族	39	0.87±0.96		
	撒拉族	31	0.86±0.95		
焦虑	汉族	1423	0.77±0.77	3.58**	3>1；3>2；3>4
	藏族	485	0.79±0.73		
	回族	258	0.96±0.82		
	土族	146	0.66±0.63		
	蒙古族	39	0.8±0.83		
	撒拉族	31	0.79±0.91		

续表

		n	$M\pm SD$	F	事后检验
敌对	汉族	1423	0.67 ± 0.67	3.04*	3>1；3>2；3>4
	藏族	485	0.67 ± 0.64		
	回族	258	0.8 ± 0.73		
	土族	146	0.56 ± 0.58		
	蒙古族	39	0.62 ± 0.65		
	撒拉族	31	0.75 ± 0.79		
恐怖	汉族	1423	0.69 ± 0.79	2.28*	3>1；3>4
	藏族	485	0.75 ± 0.8		
	回族	258	0.83 ± 0.84		
	土族	146	0.59 ± 0.65		
	蒙古族	39	0.68 ± 0.8		
	撒拉族	31	0.64 ± 0.9		
偏执	汉族	1423	0.73 ± 0.77	1.89	
	藏族	485	0.76 ± 0.74		
	回族	258	0.83 ± 0.79		
	土族	146	0.6 ± 0.63		
	蒙古族	39	0.8 ± 0.83		
	撒拉族	31	0.75 ± 0.84		
精神病性	汉族	1423	0.69 ± 0.75	2.59*	3>1；3>2；3>4
	藏族	485	0.71 ± 0.74		
	回族	258	0.84 ± 0.76		
	土族	146	0.58 ± 0.58		
	蒙古族	39	0.75 ± 0.82		
	撒拉族	31	0.71 ± 0.88		

续表

		n	M±SD	F	事后检验
睡眠饮食	汉族	1423	0.86 ± 0.78	2.34*	3>1；3>2；3>4
	藏族	485	0.85 ± 0.74		
	回族	258	0.97 ± 0.8		
	土族	146	0.72 ± 0.61		
	蒙古族	39	0.96 ± 0.94		
	撒拉族	31	0.98 ± 0.88		

注：事后检验中 1 汉族；2 藏族；3 回族；4 土族；5 蒙古族；6 撒拉族。*p<0.05；**p<0.01；***p<0.001

由表 10–5 可得，躯体化、强迫症状、人际关系敏感、抑郁、焦虑、敌对、恐怖、精神病性及睡眠饮食在民族上呈现显著差异，偏执在民族上无显著差异；经过事后多重检验，可知躯体化中，汉族得分高于土族得分，回族得分高于汉族、藏族和土族得分；强迫症状中，回族得分高于汉族，藏族得分高于土族得分；人际关系敏感、抑郁、焦虑、敌对、精神病性和睡眠饮食中，回族得分高于汉族、藏族和土族的得分；恐怖中，回族得分高于汉族、土族得分。

3. 大学生心理健康在性别上的差异检验

表 10–6　大学生心理健康在性别上的差异检验

	性别	n	M	SD	t
躯体化	男	935	0.72	0.81	3.56***
	女	1491	0.61	0.68	
强迫症状	男	935	1.02	0.84	−1.34***
	女	1491	1.07	0.75	
人际关系敏感	男	935	0.91	0.87	0.93***
	女	1491	0.87	0.74	

续表

	性别	n	M	SD	t
抑郁	男	935	0.85	0.85	0.23***
	女	1491	0.84	0.75	
焦虑	男	935	0.80	0.83	0.81***
	女	1491	0.78	0.71	
敌对	男	935	0.72	0.72	2.70***
	女	1491	0.64	0.62	
恐怖	男	935	0.68	0.82	−1.35
	女	1491	0.73	0.77	
偏执	男	935	0.80	0.83	3.40***
	女	1491	0.69	0.71	
精神病性	男	935	0.79	0.84	4.50***
	女	1491	0.64	0.66	
睡眠饮食	男	935	0.89	0.85	1.48***
	女	1491	0.84	0.71	

注：*p<0.05；**p<0.01；***p<0.001

由表 10-6 可得，躯体化、强迫症状、人际关系敏感、抑郁、焦虑、敌对、偏执、精神病性及睡眠饮食在性别上呈现极其显著的差异，在恐怖上无显著差异，其中在躯体化、人际关系敏感、抑郁、焦虑、敌对、偏执、精神病性及睡眠饮食上，男生得分显著高于女生，在强迫症状上女生得分显著高于男生。

4. 大学生心理健康在年级上的差异检验

采用单因素方差分析，对青海省高校大学生心理健康在年级上的差异进行检验，结果见表 10-7。

表 10–7　大学生心理健康在年级上的差异检验

因子	年级	*M*	*SD*	*F*	事后检验
躯体化	大一	0.5861	0.63954	20.190*	4>1；4>3；4>2
	大二	0.6470	0.73974		
	大三	0.5989	0.71641		
	大四	0.9978	0.95211		
强迫症状	大一	1.0268	0.73832	6.259*	2<4；1<4；3<4
	大二	1.0329	0.78812		
	大三	1.0130	0.77949		
	大四	1.2605	0.88995		
人际关系敏感	大一	0.8633	0.75296	7.833*	2<4；1<4；3<4
	大二	0.8742	0.79403		
	大三	0.8335	0.77384		
	大四	1.1223	0.90088		
抑郁	大一	0.8035	0.73791	12.303*	2<4；1<4；3<4
	大二	0.8306	0.77385		
	大三	0.7987	0.79861		
	大四	1.1410	0.91439		
焦虑	大一	0.7370	0.69272	11.308*	2<4；1<4；3<4
	大二	0.7833	0.76892		
	大三	0.7432	0.76660		
	大四	1.0553	0.86520		
敌对	大一	0.7294	0.71426	13.020*	2<4；1<4；3<4
	大二	0.7837	0.77417		
	大三	0.7370	0.76384		
	大四	1.0768	0.90267		

续表

恐怖	大一	0.6673	0.73915	16.209*	2<4；1<4；3<4
	大二	0.6912	0.77330		
	大三	0.6463	0.75641		
	大四	1.0476	0.98175		
偏执	大一	0.6964	0.68656	18.409*	2<4；1<4；3<4
	大二	0.7113	0.75927		
	大三	0.6790	0.73627		
	大四	1.0848	0.93243		
精神病性	大一	0.6455	0.64907	12.914*	2<4；1<4；3<4
	大二	0.7061	0.76234		
	大三	0.6468	0.74597		
	大四	0.9731	0.83432		
其他	大一	0.6976	0.67889	18.960*	2<4；1<4；3<4
	大二	0.7539	0.76477		
	大三	0.7568	0.77219		
	大四	1.1209	0.92473		

注：事后检验中 1 大一；2 大二；3 大三；4 大四。*$p<0.05$；**$p<0.01$；***$p<0.001$

由表 10-7 可知，青海省高校大学生的心理健康水平存在着显著的年级差异，即大一和大四、大二和大四以及大三和大四的学生在心理健康水平的各个因子上均表现为存在显著差异。

5. 不同高校的大学生在心理健康上的差异

表 10–8　不同高校的大学生在心理健康上的差异

	学校	n	F	事后检验
躯体化	青海大学	622		
	青海大学昆仑学院	374		
	青海民族大学	277		
	青海交通职业技术学院	235	8.810***	1>5；2>5；3>5；4>5；6>5；
	青海卫生职业技术学院	207		1>8；2>8；3>8；4>8；6>8
	青海建筑职业技术学院	159		
	青海警官职业学院	79		
	青海师范大学	473		
强迫症状	青海大学	622		
	青海大学昆仑学院	374		
	青海民族大学	277		
	青海交通职业技术学院	235	5.582***	2>5；4>5；6>5；
	青海卫生职业技术学院	207		2>8；4>8；6>8；
	青海建筑职业技术学院	159		6>1；6>3
	青海警官职业学院	79		
	青海师范大学	473		
人际关系敏感	青海大学	622	5.424***	1>8；2>8；4>8；6>8；
	青海大学昆仑学院	374		6>1；6>5
	青海民族大学	277		
	青海交通职业技术学院	235		
	青海卫生职业技术学院	207		
	青海建筑职业技术学院	159		

续表

	学校	*n*	*F*	事后检验
人际关系敏感	青海警官职业学院	79		
	青海师范大学	473		
抑郁	青海大学	622		
	青海大学昆仑学院	374		
	青海民族大学	277		
	青海交通职业技术学院	235	7.015***	2>5；4>5；6>5；
	青海卫生职业技术学院	207		2>8；4>8；6>8；
	青海建筑职业技术学院	159		1>8
	青海警官职业学院	79		
	青海师范大学	473		
焦虑	青海大学	622		
	青海大学昆仑学院	374		
	青海民族大学	277		
	青海交通职业技术学院	235	7.056***	2>5；6>5，
	青海卫生职业技术学院	207		1>8；2>8；4>8；6>8；
	青海建筑职业技术学院	159		6>1
	青海警官职业学院	79		
	青海师范大学	473		
敌对	青海大学	622		
	青海大学昆仑学院	374		
	青海民族大学	277		
	青海交通职业技术学院	235		
	青海卫生职业技术学院	207	11.403***	1>5；2>5；3>5；4>5；6>5；1>8；2>8；3>8；4>8；6>8；

续表

	学校	n	F	事后检验
敌对	青海建筑职业技术学院	159		6>1
	青海警官职业学院	79		
	青海师范大学	473		
恐怖	青海大学	622	5.562***	2>5；6>5；
	青海大学昆仑学院	374		1>8；2>8；3>8；4>8；6>8
	青海民族大学	277		
	青海交通职业技术学院	235	10.469***	1>5；2>5；3>5；4>5；6>5；1>8；2>8；3>8；4>8；6>8；7>8
	青海卫生职业技术学院	207		
	青海建筑职业技术学院	159		
	青海警官职业学院	79		
	青海师范大学	473		
偏执	青海大学	622		
	青海大学昆仑学院	374		
	青海民族大学	277		
	青海交通职业技术学院	235		
	青海卫生职业技术学院	207		
	青海建筑职业技术学院	159		
	青海警官职业学院	79		
	青海师范大学	473		
精神病性	青海大学	622	8.470***	1>5；2>5；3>5；4>5；6>5；1>8；2>8；3>8；4>8；6>8
	青海大学昆仑学院	374		
	青海民族大学	277		

续表

	学校	n	F	事后检验
精神病性	青海交通职业技术学院	235		
	青海卫生职业技术学院	207		
	青海建筑职业技术学院	159		
	青海警官职业学院	79		
	青海师范大学	473		
总分	青海大学	622		
	青海大学昆仑学院	374		
	青海民族大学	277		
	青海交通职业技术学院	235	8.071***	1>5；2>5；3>5；4>5；6>5；1>8；2>8；3>8；4>8；6>8
	青海卫生职业技术学院	207		
	青海建筑职业技术学院	159		
	青海警官职业学院	79		
	青海师范大学	473		

注：事后检验中，1 表示青海大学，2 表示青海大学昆仑学院，3 表示青海民族大学，4 表示青海交通职业技术学院，5 表示青海卫生职业技术学院，6 表示青海建筑职业技术学院，7 表示青海警官职业学院，8 表示青海师范大学。
注：*p<0.05；**p<0.01；***p<0.001

由表 10-8 可知，在所有因子及总分上，不同学校之间的差异性都显著（p<0.001）。

三、大学生网络使用情况和心理健康的关系

（一）平均每天上网时长、网龄与心理健康的相关分析

表 10-9 青海省大学生每天上网时长、网龄与心理健康的相关分析

	1	2	3	4	5	6	7	8	9	10
上网时长	0.05**	0.09**	0.08**	0.08**	0.08**	0.07**	0.07**	0.06**	0.07**	0.08**
网龄	−0.02	−0.004	−0.029	−0.02	−0.013	0.004	−0.04*	−0.013	−0.01	0.012

注：1 躯体化；2 强迫症状；3 人际关系敏感；4 抑郁；5 焦虑；6 敌对；7 恐怖；8 偏执；9 精神病性；10 睡眠饮食。
注：*$p<0.05$；**$p<0.01$；***$p<0.001$

从表 10-9 可得，平均每天上网时长与 SCL-90 十项因子均呈显著正相关，而网龄与恐怖呈显著负相关。

（二）网络依赖与心理健康的相关分析

采用皮尔逊（Pearson）积差相关分析法，探讨青海省大学生网络依赖与心理健康水平之间的关系，计算出大学生网络依赖程度各因子及其总分与心理健康各因子及其总分之间的相关系数，结果见表 10-10。

表 10-10 青海省大学生心理健康与网络依赖程度的相关

	健康与人际问题	戒断性	耐受性	依赖程度总分
躯体化	0.508**	0.348**	0.234**	0.437**
强迫症状	0.445**	0.445**	0.333**	0.469**
人际关系敏感	0.457**	0.400**	0.314**	0.455**
抑郁	0.489**	0.411**	0.306**	0.471**
焦虑	0.473**	0.392**	0.286**	0.451**
敌对	0.477**	0.376**	0.282**	0.447**
恐怖	0.458**	0.343**	0.246**	0.415**
偏执	0.502**	0.384**	0.273**	0.458**

续表

	健康与人际问题	戒断性	耐受性	依赖程度总分
精神病性	0.504**	0.391**	0.289**	0.467**
其他	0.464**	0.350**	0.244**	0.420**
总分	0.519**	0.420**	0.307**	0.489**

注：*p<0.05；**p<0.01；***p<0.001

由表 10–10 可知，大学生心理健康各因子及其总分与网络依赖程度各因子及其总分之间均呈现出显著正相关（p<0.01）。结果证实了之前的研究假设：青海省大学生心理健康总分与网络依赖程度总分之间呈显著正相关。

（三）网络依赖人群与正常人群在心理健康上的差异比较

将《网络依赖程度问卷》得分高于 60 的被试筛选出来为网络依赖群体，低于 60 分的被试为网络正常群体，将网络依赖群体与正常群体在 SCL–90 上的十项因子进行差异分析。

表 10–11　心理健康在网络依赖人群与正常人群上的差异分析

		n	*M*±*SD*	检验
躯体化	依赖群体	254	0.90 ± 0.76	5.45**
	正常群体	2172	0.62 ± 0.73	
强迫症状	依赖群体	254	1.35 ± 0.78	6.61
	正常群体	2172	1.01 ± 0.78	
人际关系敏感	依赖群体	254	1.16 ± 0.79	5.94
	正常群体	2172	0.85 ± 0.78	
抑郁	依赖群体	254	1.61 ± 0.79	6.91
	正常群体	2172	0.81 ± 0.78	
焦虑	依赖群体	254	1.07 ± 0.75	6.56
	正常群体	2172	0.75 ± 0.75	

续表

		n	$M \pm SD$	检验
敌对	依赖群体	254	0.94 ± 0.70	6.71**
	正常群体	2172	0.64 ± 0.65	
恐怖	依赖群体	254	1.01 ± 0.87	5.87***
	正常群体	2172	0.67 ± 0.77	
偏执	依赖群体	254	1.02 ± 0.81	6.06**
	正常群体	2172	0.70 ± 0.74	
精神病性	依赖群体	254	0.92 ± 0.71	5.23
	正常群体	2172	0.62 ± 0.66	
睡眠饮食	依赖群体	254	1.16 ± 0.78	6.64
	正常群体	2172	0.83 ± 0.76	

注：*$p<0.05$；**$p<0.01$；***$p<0.001$

从表 10–11 可得，SCL–90 的十项因子中躯体化、敌对、恐怖和偏执在网络依赖群体与正常群体存在显著差异，网络依赖群体得分显著高于正常群体；虽然其他几项因子无显著差异，但网络依赖群体的因子得分高于正常群体得分。

四、大学生心理健康课程开展状况调查

（一）各高校心理健康教育课程、课时设置及师资情况

在此次的调查中，所有高校均设置了心理健康教育课程。其中青海大学（以下简称青大）、青海民族大学（以下简称民大）均为公共选修课，其余 6 所高校为必修课。其中青海交通职业技术学院（以下简称交通学院）心理健康教育课程设置为一周四节（160 分钟），为各高校时长最长，其次是青海师范大学（以下简称师大）、青海警官职业学院（以下简称警官学院）和青海建筑职业技术学院（以下简称建筑学院）达到一周两节（80 分钟）课时，青海大学昆仑学院（以下简称昆仑学院）和青海卫生职业技术学院（以下简称卫生学院）为每周一节（40 分钟）课时。在调查的 8 所高校中，心理健康教育的课程全部是由心理学专业毕

业的老师授课，但学校对心理学专业具体方向没有要求。

（二）各高校学生会心理健康部门和心理健康社团设置情况

各高校中青大、师大、民大、昆仑学院和卫生学院都有心理健康学生社团；警官学院在学生会中设有心理健康相关部门；交通学院既有心理健康学生会部门，又有心理健康学生社团；建筑学院心理健康老师没有听说有相关学生会部门和社团存在。

（三）各高校心理健康中心设置情况

各个高校均设有心理健康中心，但各高校心理健康中心配备的设施有差距。首先各高校心理健康中心均有接待室和个体咨询室，卫生学院和建筑学院个体咨询室只有相关工作人员，其他高校配备专业咨询人员。建筑学院仅有接待室和个体咨询室，民大也仅有接待室和心理测量室，其他高校均配备团体辅导室、音乐治疗室、沙盘室、宣泄室，警官学院由于警察专业特殊性，配备了脑波生物反馈心理训练室和生物反馈心理训练室。

（四）各高校心理健康相关活动进行情况

1. 心理健康知识普及活动情况

在心理健康知识普及上，各个高校除了借助心理健康必修课或选修课，都十分重视“5・25”心理健康周活动。在活动周内举办多场心理健康主题讲座，除此之外新生进校也会举办心理健康知识讲座，讲座都是针对大学新生在面对新环境和离开父母独立生活时，应该如何处理自身不良情绪，适应周围环境等。除讲座形式外，各高校会印发宣传册向同学们宣传心理健康的重要性。警官学院还有毕业班心理健康知识讲座，疏导应届毕业生的就业焦虑等问题，民大还有趣味心理知识竞赛，进一步丰富同学们的心理知识和提高心理健康水平。

2. 心理健康实践活动开展情况

在新生入学后，仅有卫生学院和建筑学院没有给学生建立心理档案，其他各高校都建立学生心理档案，但仅限于新生，经调查发现，后续学年各高校均不会再建立心理档案；各高校对新生积极进行心理团体辅导活动，活动都由各高校二级学院委托心理健康中心来承担，据各高校心理健康老师反映，同学们对活动较为热情，参与度很高，其余年级均没有团体辅导记录。由于公安相关专业的特殊性，警官学院会开展较多心理健康教育相关活动，尤其是面对压力情景的心理压力疏导训练以及在专业的心理测量室中的身心反馈训练等活动，对学生的心理健康进行全方位了解和提升。但这些训练都是针对公安民警专业进行的专业训练，对其他高校的借鉴意义不大。除警官学院和交通学院外，其他各高校均会参加青海省大学生心理剧表演比赛，卫生学院还会在校内举办心理剧表演大赛。

第四节　讨论分析

一、大学生网络使用状况分析

根据调查显示，占比例最大的大学生网龄为 3—5 年和 5—8 年，比例分别为 31.49% 和 31.37%，说明多数大学生接触使用网络的时间较早。比例最多的大学生每天上网时长是 3—6 小时，所占比例为 44.44%，其次是 3 小时以下，所占比例 40.02%，说明大部分大学生每天上网时间较长。有将近 45% 的大学生仅使用手机上网，只有 4.53% 的大学生仅使用电脑上网，而使用电脑和手机上网的大学生，比例为 41.96%，说明由于智能手机的普及，手机的小巧、方便携带使得大学生开始更多地使用手机，实现随时随地上网，而非仅使用电脑上网。2426 名大学生中，14.63% 属于网络依赖（成瘾）群体。

男生在健康与人际问题上得分显著高于女生，女生在耐受性上得分显著高于男生，与之前研究结论相符。[①] 分析其原因，由于高校课程设置较零散，管理较松弛，学生有更多课余时间来自我安排。而男生对于网络的使用以网游为主，在宿舍熬夜打游戏使得其身体健康受到一定影响，很少选择参加社交活动，因此，其人际关系也会受到很大影响。另一方面，女生上网的目的大多是购物、聊天等等，这些活动需要不定期地进行，因此女生在耐受性上较差，使用网络

① 李望舒：《西安市大学生网络成瘾状况与人格特质的关系研究》，载《中国学校卫生》，2005，26（3）：227-228。

的频率较高。

青海省高校大学生中大一和大四、大二和大四，大三和大四的学生的健康与人际问题因子上以及戒断性因子上差异显著，大一和大四、大三和大四的学生的耐受性上差异显著。出现差异的原因可能是：大一年级的社团活动、体育活动项目等各种课外活动丰富多彩，已基本上满足了大一新生的课余生活。大二年级的学生们对于大学生活的适应期已过，对网络的使用和需求也逐渐增多，从而网络依赖状况也在进一步加深。大三年级的课外各种活动的项目明显减少，为充实课余时间，上网自然而然成为了他们的最佳选择。而大四学生普遍面对就业或升学的压力，他们对虚拟世界的好奇心逐渐被对现实世界的强烈认知需求所占据，从而由网络回归现实。

二、大学生心理健康现状调查

从总体上看，与全国大学生常模相比，青海省大学生的心理健康水平偏低。其中，在抑郁、敌对因子上，两者之间无显著差异（$p>0.05$），在人际关系敏感、偏执因子上，显著低于全国大学生常模（$p<0.01$），但是，在躯体化、强迫症状、焦虑、恐怖、精神病性因子上，显著高于全国大学生常模（$p<0.01$）。分析其原因，可能与学生的文化适应性、新生对环境的适应性有关。首先，青海省是一个多民族聚居地，民族文化、宗教信仰种类丰富。奥地利人本心理学家阿德勒（Adler）认为文化适应有“接触阶段—否定阶段—自律阶段—独立阶段”等几个阶段。[①] 如果学生的文化适应处在前两个阶段，不能顺利过渡到后两个阶段，其心理就容易产生一些问题。其次，新生心理适应与心理健康密切相关，这里处于高海拔、气候寒冷且缺氧的状态，且新生开学即面临冬季来临，对新的环境、人际关系、教学模式不适应，包括对专业的满意度、将来的就业问题等产生困惑，很多学生产生了适应不良的现象。由此引起焦虑、苦闷、缺少支持和关爱等痛苦感受，导致心理健康水平低。

对青海省大学生心理健康在民族、性别上进行差异检验，发现青海省大学生心理健康在民族（除偏执因子外）、性别（除恐怖因子外）上存在显著差异，在

① Adler P S. The Transitional Experience: An Alternative View of Culture Shock. Journal of Humanistic Psychology, 1975, 15(4): 13-23.

一定程度上说明当代大学生在一定的年龄阶段上存在共性的问题，同时也越来越个性化，这可能是在不同的文化背景、家庭教养、成长环境及成长经历等多方面因素的影响下形成的。

青海省高校大学生心理健康水平在年级上存在着显著差异，这主要是因为大学生在四年的大学生活中每年都会面对不同的矛盾与压力，处于不同年级中的大学生心理素质水平也不相同，且接触的事物有所不同，以及学校对于不同年级培养方式不同等等方面有关。

就各学校的心理健康水平来讲，青海卫生职业技术学院的心理健康水平最高，青海建筑职业技术学院的心理健康水平最低。在所有因子及总分上，学校之间的差异性都显著（$p<0.001$）。对事后检验的结果分析发现在多个因子及总分上都表现出一个共同特点：除青海警官职业学院外，其他学校的得分均显著高于青海卫生职业技术学院和青海师范大学。分析其原因，相比其他大学生，卫生职业技术学院的学生具有较好的专业优势和素质进行自我调节和心理保健。他们耳濡目染疾病发生、发展的过程，因而会加强自身的卫生保健，有利于身心健康水平的发展。由于师范大学的女生居多，教师这一职业通常被女生看好，[①] 且社会对于教师这一职业持有较高的评价，学生对于未来的就业情况有较好的期待，就业压力较小，心理健康水平相对较好。另外，师范类大学生的课程多涉及教育心理学、教育学等课程，自己学以致用，会根据相关知识对身心进行调整。而青海建筑职业技术学院的学生生理发展趋于成熟，但心理发展相对滞后，表现出自省性和闭锁性交织的特点，加上学习内容多属于理工科，对于女生和大一新生来说，专业学习任务偏难、陌生，各种因素交互作用导致他们容易产生心理问题。

三、大学生网络使用情况和心理健康的关系

我们在对青海省大学生网络使用情况与心理健康的十项因子进行分析中发现，青海省大学生平均上网时间与心理健康各项因子呈显著正相关，这表明平均每天上网时间越长，各项因子得分越高，越容易产生心理问题。进一步对网络依赖的三个维度及总分与心理健康的十项因子进行相关分析，得出网络依赖的三个

① 樊晓光、周东明：《青岛大学师范类大学生心理健康状况评价》，载《中国学校卫生》，2006，27（4）：326–328。

维度及总分与心理健康的十项因子呈显著正相关，表明网络依赖程度越高，越容易产生心理问题。网络依赖群体与网络正常群体在心理健康的十项因子上存在显著差异，网络依赖群体得分均高于正常群体。网络的普及化，一方面使人们的生活越来越便利，另一方面，对于缺乏自控力的大学生群体来说，也存在着不利因素，因沉溺于网络时间过长，或在网络上得到某些满足而出现更强烈的上网渴望，进而产生不擅长管理时间而出现睡眠饮食等身体问题和人际关系冲突、适应不良等心理问题。

四、大学生心理健康课程课程设置及相关活动现状及不足

（一）各高校心理健康教育课程现状及不足

根据教育部发布的《普通高等学校学生心理健康教育工作基本建设标准（试行）》，高校应开设心理健康教育选修或必修课程，给予相应学分，保证学生在校期间普遍接受心理健康课程教育。从各高校心理健康教育课程设置上来看，各高校均设置了相关课程，符合教育部要求。青大和民大均是选修课形式，其余六个高校设置为必修课，虽然有像警官学院和卫生学院这样由于专业特殊性必须重视心理健康教育，但建筑学院、交通学院和昆仑学院也设置为必修课，足见这三所学校对学生心理健康教育的重视，而青大、师大和民大将心理健康教育课程设置为选修课，这并不能保证学生在校期间普遍接受心理健康教育。

在课程时长设置上，以一周两节课程时长（80 分钟）居多，达到 5 所高校，昆仑学院和卫生学院每周一节的课程时长偏短。课程时长偏短，所给予的学分就会减少，不能引起学生对心理健康教育课程的重视。交通学院一周四节（160 分钟）的课程设置可能会挤压学生其他公共课、专业课学习以及自由支配时间，从大多数高校心理健康教育课程一周两节（80 分钟）的课程设置会较为合理。

在师资方面，虽然各高校都由心理学专业老师来讲授心理健康教育课程，但对教师的心理学具体研究方向不做要求。心理学是一门中间学科，涉及社会生活的各个方面，而心理健康及心理咨询只是心理学众多分支之一，如果未由心理健康教育与咨询方向的老师来授课，那么老师对于心理健康专业知识的理论理解够不够深入，在教学过程中学生的疑问能否解答，能否在课程进程中穿插实践活动，这些问题都是必然存在的。

（二）各高校大学生心理健康中心设施配置现状及不足

调查研究表明[①②③]，大学生心理健康问题主要表现为：面临学校和社会的挑战，心理承受能力差，意志薄弱，缺乏自信，恋爱情感问题纠葛，学习兴趣缺失，考试焦虑，注意力不集中，思维贫乏，难于应付挫折等。针对以上大学生主要面临的心理健康问题，心理健康中心应设置办公接待室、个体咨询室、团体辅导室、沙盘室、学生心理测量室、音乐治疗室、情绪宣泄室、团体辅导室、身心反馈室、心理阅览室等。此次针对以上八所高校的大学生心理健康中心调查发现虽然各个高校均有大学生心理健康中心，但配备的设施却都不齐全。青大、师大、昆仑学院和卫生学院的设施较全，民大有接待室、个体咨询室和心理测量室，建筑学院则只有接待室和个体咨询室。警官学院由于专业特殊，配备了脑波生物反馈心理训练室和生物反馈心理训练室，这是仅有配备身心反馈室的高校，而对于心理阅览室全部高校均无设置。从各高校大学生心理健康中心配置情况来看，各高校普遍存在心理健康中心费用不足的问题。身心反馈室需要资金购买相关专业仪器，大学生心理健康中心设施较为齐全的几个高校均无身心反馈室和相关专业设备，可见经费不足问题是普遍存在的。心理阅览室是供学生阅读有关心理健康相关书籍，了解心理健康知识的地方，相比于心理健康课程，心理阅览室可以更加有针对性地帮助学生了解自身心理问题，掌握更多的心理健康相关知识，各高校没有开设心理阅览室是没有认识到其与心理健康课程是相辅相成，协同作用的。

（三）各高校心理健康教育相关活动开展情况分析及不足

所调查的八所高校除卫生学院外均为新生建立心理档案，但档案没有延续性，仅新生开学时建立，这样做对了解学生大学期间的心理健康是非常不利的，很有可能耽误在大学生活期间心理健康出现问题的学生的干预和治疗。

除建筑学院外，所有高校均有心理健康相关的学生社团，建立心理健康相关

① 王琼：《大学生心理健康教育及其对策研究》，载《安徽理工大学学报》（社会科学版），2011（13）。
② 黄希庭、郑涌：《大学生心理健康教育》，上海，华东师范大学出版社，2009。
③ 苏金连：《“微时代”的大学生心理健康教育》，载《学周刊》，2015（10）。

的学生社团，有助于在学生群体中强化心理健康概念，引导学生关注自己的心理健康，并通过学生会组织的活动，宣传心理健康知识。警官学院则是在学生会成立心理健康相关部门，交通学院不仅设置了学生会相关部门，而且同样有学生社团，两者协同运作，互为补充。

在心理健康教育实践活动方面，各高校团体辅导活动也只在大一新生中开展，忽略对于大学其他年级学生尤其是应届毕业生的辅导，应届毕业生由于即将面对社会，内心的面临的压力也非常巨大，对这部分群体的团体辅导是非常有利于减轻由毕业、找工作等事件造成的压力，因此不能忽略高年级学生的心理健康教育活动。各高校都十分重视“5·25”心理健康周，在健康周内举办心理健康讲座，心理剧表演等活动。民大举办的趣味心理健康知识竞赛这种活动形式使学生主动参与、积极准备，补充了只有讲座这种被动教授心理健康知识的形式，值得在其他高校推广。但各高校对于大学生心理健康的重视也只是集中在“5·25”心理健康周，在其他时间段鲜有心理健康讲座等心理健康知识普及性活动开展，心理健康实践活动除团体辅导外更是无从谈起，如此将心理健康教育这种应长期坚持的活动只集中在短期内进行，难免急功近利，事倍功半。

五、对策建议

（一）迎合网络时代趋势，创新心理健康教育活动形式

面对当今网络时代，各高校应不断创新心理健康教育活动形式，拓展心理健康教育途径，应从以下几方面入手：

1. 通过广播、电视、校刊等多种媒介，积极开展心理健康教育宣传活动。

2. 应重视心理健康教育网络平台建设，开办专题网站（网页），充分开发利用网上教育资源，积极营造良好的心理健康教育氛围。

3. 开发移动端心理健康咨询与教育服务。学校心理健康中心应利用学生更多地选择使用手机上网这一特点，开发手机应用（APP 例如心理健康保障一体化云平台），使学生能在手机端阅读一些有关于心理健康的知识，预约来访等。通过应用扩大心理健康中心的影响，使更多学生重视心理健康。

（二）有效利用网络，建立健全大学生心理档案

教育工作者要从心理学的角度入手，正确把握大学生们的心理特征。各高校应该高度重视大学生心理健康，全面开展大学生心理健康普查活动，并建立健全大学生电子心理档案，关注大学生心理健康并进行追踪调查。

（三）加强心理健康教育工作的持续性

心理健康教育工作的实践活动强度应该细水长流，在潜移默化中影响学生对于心理健康重要性的认识，从而保障学生的心理健康。

（四）加强心理健康教育与咨询服务的针对性

大学生在四年的大学生活中每年都会面对不同的矛盾与压力，所以应该对不同的年级单独进行有针对性的心理健康教育与咨询服务。

（五）建成大学生心理健康教育机制

各高校各级各部门应有明确的职责分工和协调机制。应将心理健康教育纳入学校思想政治教育工作体系，具体组织协调开展全校学生心理健康教育工作。

（六）扩充心理健康教育师资队伍，提高教师素质

应将大学生心理健康教育师资队伍建设纳入学校整体教师队伍建设工作中，加强选拔、配备、培养和管理。从事大学生心理健康教育的教师，应具有从事大学生心理健康教育的相关学历和专业资质。要通过专兼结合等多种形式，建设一支以专职教师为骨干，专兼结合、专业互补、相对稳定、素质较高的高校大学生心理健康教育工作队伍，为大学生心理健康教育服务。

（七）各高校应从管理层面更加重视学生心理健康，增加心理健康教育经费

应保障心理健康教育工作经费，并纳入学校预算，确保大学生心理健康教育的日常工作需要。加强心理健康教育和咨询场所建设，心理健康教育和咨询场所的建设应符合大学生心理健康教育工作的特点和要求，能够满足学生接受心理教育和咨询的需求。

参考文献

[1] 范方，桑标 . 亲子教育缺失与“留守儿童”人格、学绩及行为问题 . 心理科学，2005，28（4）：855-858.

[2] 周宗奎，孙晓军，刘亚，周东明 . 农村留守儿童心理发展与教育问题 . 北京师范大学学报社会科学版，2005（1）：71-79.

[3] 高亚兵 . 农村留守儿童心理发展问题的原因分析与对策研究 . 教学与管理，2010（3）：44-46.

[4] 郑信军，岑国桢 . 家庭处境不利儿童的社会性发展研究述评 . 心理科学，2006，29（3）：747-751.

[5] 郑希付 . 论焦虑 . 湖南师范大学社会科学学报，1997（1）：67-72

[6] 黄希庭，张进辅，李红等 . 当代中国青年价值观与教育 . 成都：四川教育出版社，1994.

[7] 朱智贤 . 心理学大词典 . 北京：北京大学出版社，1989.

[8] Wilson, Marc Stewart, Values and Political Ideology: Rokeach’s Two-Value Model in a Proportional Representation Environment, New Zealand Journal of Psychology, Nov 2004.

[9] Schwartz, S. H., Bilsky, W. (1987). Toward a universal psychological structure of human values. Journal of Personality & Social Psychology, 53(3), 550-562.

[10] Luthar, S. S. (2006). Resilience in development: A synthesis of research across five decades. Developmental Psychopathology, Second Edition. John Wiley & Sons, Inc.

[11] Tugade, M. M., Fredrickson, B. L., & Barrett, L. F. (2004). Psychological resilience and positive emotional granularity: examining the benefits of positive emotions on coping and health. Journal of Personality, 72 (6), 1161–1190.

[12] Watson, D., Clark, L. A., & Tellegen, A. (1988). Development and validation of brief measures of positive and negative affect: the panas scales. Journal of Personality & Social Psychology, 54 (6), 1063-70.

[13] Gross, J. J., & Thompson, R. A. (2007). Emotion regulation: conceptual foundations. J. j. gross Handbook, 21 (3), 431-441.

[14] MBA 智库百科 . 自我意识 [EB/OL]. http ：//wiki.mbalib.com/wiki/%E8%87%AA%E6%88%91%.

[15] 温忠麟，侯杰泰，张雷 . 调节效应与中介效应的比较和应用 . 心理学报，2005，37（2）：268–274.

[16] 孙晓军，周宗奎 . 儿童同伴关系对孤独感的影响 . 心理发展与教育，2007，V23（1）：24–29.

[17] Coopersmith, S. (1959). A method for determining types of self-esteem. J Abnorm Psychol, 1959, 59 (1), 87-94.

[18] 王宏坤 . 中学生主观社会支持、自尊与道德价值观的关系研究 . 天津师范大学，2008.

[19] 蒋奖，梁静，杨淇越，克燕南 . 同伴文化压力对青少年物质主义价值观的影响：自尊的调节作用 . 中国特殊教育，2015（1）.

[20] 朱鹏 . 同伴关系对初中生价值观的影响——对武汉市 526 名初中生的调查 . 华中科技大学，2006.

[21] 王振宏，王永，王克静，吕薇 . 积极情绪对大学生心理健康的促进作用 . 中国心理卫生杂志，2010，24（9）：716–717.

[22] 王振宏，吕薇，杜娟，王克静 . 大学生积极情绪与心理健康的关系：个人资源的中介效应 . 中国心理卫生杂志，2011，25（7）.

[23] 盛瑞琪，孙起翔 . 积极心理学视角下复原力与应对方式的关系研究 . 黄冈师范学院学报，2013，33（1）：172–174.

[24] 胡发稳，李丽菊 . 哈尼族中学生学校适应及其与民族文化认同的关系 . 中国健康心理学杂志，2010，18（10）：1214–1217.

[25] 胡发稳.哈尼族中学生文化认同及其与学校生活满意度的关系.心理发展与教育，2009，25（2）：86-90.

[26] 叶宝娟，方小婷，董圣鸿，等.文化智力对少数民族预科生主观幸福感的影响：主流文化认同和自尊的链式中介作用.心理发展与教育，2017，33（6）：744-750.

[27] 叶宝娟，方小婷.文化智力对少数民族预科生主观幸福感的影响：双文化认同整合和文化适应压力的链式中介作用.心理科学，2017（4）：892-897.

[28] 赵旭东，何慕陶.社会文化变迁与精神卫生.中国心理卫生杂志，1991（3）：113-115.

[29] 陈云华，吴龙玉.文化 社会文化变迁与精神卫生.现代医药卫生，2014（14）：2233-2234.

[30] 费孝通.中华民族的多元一体格局.北京大学学报（哲学社会科学版），1989，Vol.26（4）：3-21.

附　录

附录 1: 罗森博格自尊量表

指导语: 下面的 10 道题是了解你对自己的看法，没有好坏之分，只需要根据你自己的真实情况对每个题目作出回答，请把最符合您实际情况的数字圈起来。

	项目	非常不符合	不太符合	比较符合	非常符合
1	我感到我是一个有价值的人，至少与其他人在同一水平上	1	2	3	4
2	我感到我有许多好的品质	1	2	3	4
3	归根到底，我倾向于觉得自己是一个失败者	1	2	3	4
4	我能像大多数人一样把事情做好	1	2	3	4
5	我感到自己值得自豪的地方不多	1	2	3	4
6	我对自己持肯定态度	1	2	3	4
7	总的来说，我对自己是满意的	1	2	3	4
8	我希望我能为自己赢得更多尊重	1	2	3	4
9	我确实时常感到毫无用处	1	2	3	4
10	我时常认为自己一无是处	1	2	3	4

附录 2：儿童孤独量表

指导语：请根据你的实际情况，使用以下标准回答每一个问题。1—— 一直如此，2—— 经常如此，3—— 一般如此，4—— 偶尔如此，5—— 绝非如此。

	题目	一直如此	经常如此	一般如此	偶尔如此	绝非如此
1.	在学校交新朋友对我很容易	1	2	3	4	5
2.	我喜欢阅读	1	2	3	4	5
3.	没有人跟我说话	1	2	3	4	5
4.	我跟别的孩子一块儿时干得很好	1	2	3	4	5
5.	我常看电视	1	2	3	4	5
6.	我很难交朋友	1	2	3	4	5
7.	我喜欢学校	1	2	3	4	5
8.	我有许多朋友	1	2	3	4	5
9.	我感到寂寞	1	2	3	4	5
10.	需要时我可以找到朋友	1	2	3	4	5
11.	我常常锻炼身体	1	2	3	4	5
12.	很难让别的孩子喜欢我	1	2	3	4	5
13.	我喜欢科学	1	2	3	4	5
14.	没有人跟我一块儿玩	1	2	3	4	5
15.	我喜欢音乐	1	2	3	4	5
16.	我能跟别的孩子相处	1	2	3	4	5
17.	我觉得在有些活动中受冷落	1	2	3	4	5
18.	需要帮助时我无人可找	1	2	3	4	5
19.	我喜欢画画	1	2	3	4	5

续表

	题目	一直如此	经常如此	一般如此	偶尔如此	绝非如此
20.	我不能跟别的小朋友相处	1	2	3	4	5
21.	我孤独	1	2	3	4	5
22.	班上的同学很喜欢我	1	2	3	4	5
23.	我很喜欢下棋	1	2	3	4	5
24.	我没有任何朋友	1	2	3	4	5

附录 3：积极情感消极情感量表

指导语：请您根据自己在近一周内体会到的情感，把最符合您实际情况的数字圈起来。

项目	从来没有	偶尔	有时	经常	几乎所有时候	项目	从来没有	偶尔	有时	经常	几乎所有时候
1. 活跃的	1	2	3	4	5	10. 自豪的	1	2	3	4	5
2. 害怕的	1	2	3	4	5	11. 难过的	1	2	3	4	5
3. 快乐的	1	2	3	4	5	12. 充满热情的	1	2	3	4	5
4. 惊恐的	1	2	3	4	5	13. 紧张的	1	2	3	4	5
5. 兴奋的	1	2	3	4	5	14. 兴高采烈的	1	2	3	4	5
6. 羞愧的	1	2	3	4	5	15. 内疚的	1	2	3	4	5
7. 易怒的	1	2	3	4	5	16. 欣喜的	1	2	3	4	5
8. 精力充沛的	1	2	3	4	5	17. 战战兢兢的	1	2	3	4	5
9. 恼怒的	1	2	3	4	5	18. 感激的	1	2	3	4	5

附录 4：情绪调节问卷

指导语：下面是一些情绪反应的描述。请仔细阅读每一个描述，再结合自己的实际情况，选择一个最能代表自己看法的选项，把最符合您实际情况的数字圈起来。

项目	完全不同意	很不同意	有点不同意	中性	有点同意	很同意	完全同意
1. 当我感到快乐的时候，我会尽量不表露出来	1	2	3	4	5	6	7
2. 当面临一个会令我愤怒的情景时，我会改变自己看待问题的方式，以减轻自己的愤怒	1	2	3	4	5	6	7
3. 当我悲伤的时候，我会抑制这种情绪，不让他人知道我的真实感受	1	2	3	4	5	6	7
4. 我不会表露我的情绪	1	2	3	4	5	6	7
5. 我会改变自己思考问题的方式，来减少自己对某人或某事的厌恶感	1	2	3	4	5	6	7
6. 当感到恐惧的时候，我不会让自己情感表露出来	1	2	3	4	5	6	7
7. 我会改变自己理解情境的方式，以控制自己的情绪	1	2	3	4	5	6	7
8. 当我感到愤怒的时候，别人从表面上不会知道我内心很愤怒	1	2	3	4	5	6	7
9. 当面临一个会令我悲伤的情景时，我会换一个角度来思考问题以减轻自己的悲伤	1	2	3	4	5	6	7
10. 我会尝试着改变自己对周围环境的看法来使自己快乐一些	1	2	3	4	5	6	7
11. 我会通过不让情绪表达出来的方式，以控制自己的情绪	1	2	3	4	5	6	7
12. 当面临一个会令我恐惧的情境时，我会改变自己对情境的看法以减少自己的恐惧感	1	2	3	4	5	6	7
13. 我会改变自己思考问题的方式，来调节自己的情绪	1	2	3	4	5	6	7
14. 当我厌恶某人或某物时，我会抑制这种情感，不让它表露出来	1	2	3	4	5	6	7

附录 5：艾森克人格量表—少年版

指导语：本问卷共有 88 个问题，请根据自己的实际情况作“是”或“不是”的回答。这些问题要求你按自己的实际情况回答，不要去猜测怎样才是正确的回答。因为这里不存在正确或错误的回答，也没有捉弄人的问题，将问题的意思看懂了就快点回答，不要花很多时间去想。每个问题都要问答。问卷无时间限制，但不要拖延太长，也不要未看懂问题便回答。

项　目	是	否
1. 你喜欢周围有许多使你高兴的事情吗	1	2
2. 你爱生气吗	1	2
3. 你喜欢伤害你喜欢的人吗	1	2
4. 你贪图过别人的便宜吗	1	2
5. 与别人交谈时，你几乎总是很快地回答别人的问题吗	1	2
6. 你很容易感到厌烦吗	1	2
7. 有时你喜欢开一些的确使人伤心的玩笑吗	1	2
8. 你总是立即按别人的吩咐去做吗	1	2
9. 你宁愿单独一人而不愿和其他小朋友在一道玩吗	1	2
10. 有很多念头占据你的头脑使你不能入睡吗	1	2
11. 你在学校曾违反过规章吗	1	2
12. 你喜欢其他小朋友怕你吗	1	2
13. 你很活泼吗	1	2
14. 有许多事情使你烦恼吗	1	2
15. 在上生物课时你喜欢杀动物吗	1	2
16. 你曾拿过别人的东西（甚至一个大头针、一粒纽扣）吗	1	2
17. 你有许多朋友吗	1	2
18. 你有无缘无故地觉得“真是难受”吗	1	2
19. 有时你喜欢逗弄动物吗	1	2

续表

项　目	是	否
20. 别人叫你时，你有过装作没听见的事吗	1	2
21. 你喜欢在古老的闹鬼的岩洞中探险吗	1	2
22. 你常感觉生活非常无味吗	1	2
23. 你比大多数小孩更爱吵嘴打架吗	1	2
24. 你总是完成家庭作业后才去玩耍吗	1	2
25. 你喜欢做一些动作要快的事情吗	1	2
26. 你担心会发生一些可怕的事情吗	1	2
27. 当听到别的孩子骂怪话，你制止他们吗	1	2
28. 你能使一个晚会顺利开下去吗	1	2
29. 当人们发现你的错误或你工作中的缺点时，你容易伤心吗	1	2
30. 看见一只刚被碾死的小狗你会难过吗	1	2
31. 当你粗鲁失礼时，总要向别人道歉吗	1	2
32. 有没有人认为你做了对他们不起的事，他们一直想报复你吗	1	2
33. 你认为滑雪好玩吗	1	2
34. 你常无缘无故觉得疲乏吗	1	2
35. 你很喜欢取笑其他小朋友吗	1	2
36. 成年人谈话时，你总是保持安静吗	1	2
37. 交新朋友时，通常是你采取主动吗	1	2
38. 你为某些事情发脾气吗	1	2
39. 你常打架吗	1	2
40. 你说过别人的坏话或下流话吗	1	2
41. 你喜欢给你的朋友讲笑话或滑稽故事吗	1	2
42. 你有一阵阵头晕的感觉吗	1	2
43. 在学校里，你比大多数儿童更易受罚吗	1	2

续表

项 目	是	否
44. 通常你会拾起别人扔在教室地上的废纸吗	1	2
45. 你有许多课余爱好和娱乐吗	1	2
46. 你的感情很脆弱吗	1	2
47. 你喜欢捉弄人吗	1	2
48. 你总要在饭前洗手吗	1	2
49. 在文娱活动中，你宁愿坐着看而不愿亲自参与吗	1	2
50. 你常常感到厌倦吗	1	2
51. 看到一伙人取笑或欺侮一个小孩时你感到很好玩吗	1	2
52. 课堂上你常保持安静，甚至老师不在教室也如此吗	1	2
53. 你喜欢干点吓唬人的事吗	1	2
54. 你有时不安，以致不能在椅子上静静地坐一会吗	1	2
55. 你愿意单独上月球去吗	1	2
56. 开班会时别人唱歌，你也总是一道唱吗	1	2
57. 你与别的小孩合群吗	1	2
58. 你做许多噩梦吗	1	2
59. 你的父母对你非常严厉吗	1	2
60. 你喜欢不告诉任何人独自离家到外面去漫游吗	1	2
61. 你喜欢跳降落伞吗	1	2
62. 你如果觉得自己干了件蠢事，你会后悔很久吗	1	2
63. 吃饭时摆上桌的食物你常常样样都吃吗	1	2
64. 在热闹的晚会上，你能主动参加并尽情玩耍吗	1	2
65. 有时你觉得不值得活下去吗	1	2
66. 你会为落入猎人陷阱的动物难过吗	1	2
67. 你有不尊重父母的行为吗	1	2

续表

项　目	是	否
68. 你常常突然下决心要干很多事情吗	1	2
69. 做作业时，你思想开小差吗	1	2
70. 当别的孩子对你吼叫时，你也用吼叫来回应他们吗	1	2
71. 你喜欢潜水或跳水吗	1	2
72. 你有过因为一些苦恼的事情而失眠吗	1	2
73. 你在学校或图书馆的书上乱写乱画吗	1	2
74. 你在家中会常常感到苦恼吗	1	2
75. 别人认为你很活泼吗	1	2
76. 你常觉得孤单吗	1	2
77. 你对别人的东西总是特别小心爱护吗	1	2
78. 你总是将自己的全部糖果与别人分着吃吗	1	2
79. 你很喜欢外出玩耍吗	1	2
80. 你在游戏中有过弄虚作假吗	1	2
81. 你会时而无缘无故感到特别高兴，时而又无缘无故感到特别悲伤吗	1	2
82. 找不到废纸筐时你把废纸扔在地上吗	1	2
83. 你经常感到幸福和愉快吗	1	2
84. 你做事情往往不先想一想吗	1	2
85. 你认为自己是一个无忧无虑的人吗	1	2
86. 你常需要热心的朋友与你在一起吗	1	2
87. 你曾经损坏或遗失过别人的东吗	1	2
88. 你喜欢乘坐开得很快的摩托车吗	1	2

附录 6：青少年亲社会行为倾向量表

项　目	非常不像我	比较不像我	一般	比较像我	非常像我
1. 有人在场时，我会竭尽全力帮助别人	1	2	3	4	5
2. 当我能安慰一个情绪不好的人时，我感觉非常好	1	2	3	4	5
3. 当别人请我帮忙时，我很少拒绝	1	2	3	4	5
4. 有人围观的情况下，我更愿意帮助别人	1	2	3	4	5
5. 我倾向于帮助那些真正遇到麻烦、急需帮助的人	1	2	3	4	5
6. 在很多公众场合中我更愿意帮助别人	1	2	3	4	5
7. 当别人请我帮忙时，我会毫不犹豫地帮助他们	1	2	3	4	5
8. 我更愿意在匿名的情况下捐款	1	2	3	4	5
9. 我倾向于帮助那些严重受伤或患病的人	1	2	3	4	5
10. 我捐钱捐物不是为了能从中有所获益	1	2	3	4	5
11. 别人求我帮助时，我会很快放下手头的事情去帮助他	1	2	3	4	5
12. 我倾向于帮助那些需要帮助的人而不留名	1	2	3	4	5
13. 我倾向于帮助别人，尤其是当同伴情绪波动的时候	1	2	3	4	5
14. 在有人看着的情况下我会竭尽所能帮助他人	1	2	3	4	5
15. 当别人处于饥寒交迫之中时，我会很自然为他们提供帮助	1	2	3	4	5
16. 大多数情况下，我帮助别人不留名	1	2	3	4	5
17. 我投身志愿者服务，付出时间和精力，不是为了获得更多的回报	1	2	3	4	5
18. 我在他人情绪激动的情境中更有可能去尽力帮助他们	1	2	3	4	5
19. 当别人要求我帮助他们时，我从不拖延	1	2	3	4	5

续表

项　目	非常不像我	比较不像我	一般	比较像我	非常像我
20. 我认为在当事人不知道的情况下给予帮助是最好的	1	2	3	4	5
21. 在让我情绪激动的情境下，我更想去帮助那些需要帮助的人	1	2	3	4	5
22. 我经常在别人不知道的情况下做些捐助，因为这样让我感觉很好	1	2	3	4	5
23. 我帮助别人不是为了将来他们相应地回报我	1	2	3	4	5
24. 当别人提出要我帮忙时，我会尽我所能地帮助他们	1	2	3	4	5
25. 我经常帮助别人，即使从中得不到任何好处	1	2	3	4	5
26. 当别人心情很不好的时候，我常常帮助他们	1	2	3	4	5

附录 7：同伴友谊质量量表

指导语：该题目是了解你与班上最要好朋友的关系。请根据实际情况，选择一个最符合的答案，把最符合您实际情况的数字圈起来。其中“1= 完全不符合；2= 不太符合；3= 比较符合；4= 完全符合”。每题只能选择一个答案。

项　目	完全不符合	不太符合	符合	完全符合
1. 他 / 她告诉我，我很能干	1	2	3	4
2. 我们课间总在一起聊天或玩耍	1	2	3	4
3. 我们常常互相生气	1	2	3	4
4. 做事情时，我们总把对方作为同伴	1	2	3	4
5. 如果有人在背后说我的坏话，他 / 她会为我说话	1	2	3	4
6. 他 / 她使我觉得，我们彼此都很重要并与众不同	1	2	3	4
7. 我们会在同学面前公开	1	2	3	4

续表

项　目	完全不符合	不太符合	符合	完全符合
8. 他 / 她有时跟别人议论我	1	2	3	4
9. 当我们在一起时，会尽力使对方感到愉快	1	2	3	4
10. 即使别人不喜欢我，他 / 她也喜欢我	1	2	3	4
11. 他 / 她告诉我，我很聪明	1	2	3	4
12. 我们总在一起讨论我们所遇到的问题	1	2	3	4
13. 他 / 她使我对自己所持有的观点感到自信	1	2	3	4
14. 当我遇到生气的事情时，我会告诉他 / 她	1	2	3	4
15. 我们经常帮助对方排除烦恼	1	2	3	4
16. 我们特别喜欢帮对方的忙	1	2	3	4
17. 我们在一起做很多有趣的事情	1	2	3	4
18. 我们常常争论	1	2	3	4
19. 我相信他 / 她会信守诺言	1	2	3	4
20. 他 / 她常给予我解决问题的忠告	1	2	3	4
21. 我们一起谈论使我们感到难过的事	1	2	3	4
22. 我们发生争执时，很容易和解	1	2	3	4
23. 我们常常打架	1	2	3	4
24. 我们一起分享好东西	1	2	3	4
25. 他 / 她不把我的秘密告诉别人	1	2	3	4
26. 如果我们互相生对方的气，会在一起商量如何才能使大家都消气	1	2	3	4
27. 我们常常打搅对方	1	2	3	4
28. 我们有了好消息时，总是第一个告诉对方	1	2	3	4
29. 他 / 她帮助我尽快完成任务	1	2	3	4
30. 我们能很快淡忘我们之间的争执	1	2	3	4
31. 我们互相告诉对方自己内心的秘密	1	2	3	4

续表

项　目	完全不符合	不太符合	符合	完全符合
32. 我们互相诉说各种秘密	1	2	3	4
33. 他／她关心我的喜怒哀乐	1	2	3	4
34. 当我们观点不一致时，能开诚布公地谈出自己的观点	1	2	3	4
35. 当我们彼此不能说服对方时，能够尊重对方的选择	1	2	3	4

附录 8：Schwartz 价值观问卷

在生活中，人们有着不同追求或价值观。请你评价一下下列各项所描述的内容在你自己的生活和个人发展中是否重要，重要的程度如何。（请划√选择。）

项　目	不重要	不太重要	重要	很重要	非常重要
1. 充满激情和富有刺激的生活	1	2	3	4	5
2. 尊重长辈	1	2	3	4	5
3. 享乐的愿望得到满足	1	2	3	4	5
4. 社会的安定	1	2	3	4	5
5. 想象力和创造性	1	2	3	4	5
6. 国家的安全	1	2	3	4	5
7. 不断变化和具有挑战性的生活	1	2	3	4	5
8. 自我约束力	1	2	3	4	5
9. 胆量和冒险精神	1	2	3	4	5
10. 有教养和礼貌的行为举止	1	2	3	4	5
11. 思想和言论自由	1	2	3	4	5
12. 责任心	1	2	3	4	5
13. 自己为自己选择人生目标	1	2	3	4	5

续表

项　目	不重要	不太重要	重要	很重要	非常重要
14. 有政治信仰或宗教信仰	1	2	3	4	5
15. 人人平等	1	2	3	4	5
16. 能控制他人的权利	1	2	3	4	5
17. 中国的文化传统	1	2	3	4	5
18. 自然环境的保护	1	2	3	4	5
19. 同情弱者	1	2	3	4	5
20. 诚实	1	2	3	4	5

附录 9：家庭教养方式问卷

你与父母一起生活到____岁。

父亲是否健在：①是　②否（或在您______岁时去世）

母亲是否健在：①是　②否（或在您______岁时去世）

父母是否离异：①是　②否　在您______岁时离异

父亲的文化程度：①大学（包括大学以上、大专）②中专（包括高中）③初中 ④小学

父亲的职业：　①工人　②农民　③知识分子　④干部

母亲的文化程度：①大学（包括大学以上、大专）②中专（包括高中）③初中 ④小学

母亲的职业：　①工人　②农民　③知识分子　④干部

指导语：父母的教养方式对子女的发展和成长有重要意义。回答这一问卷，就是请您努力回想小的时候的这些记忆。

问卷有很多题目组，每个题目答案均有四个等级。请您分别把最适合您父亲和您母亲的等级数字圈起来。每题只准选一个答案。您父母对您的教养方式可能是相同的，也可能是不同的。请您实事求是地分别回答。

如果幼小时父母不全，可以只回答父亲或母亲一栏。如果是独生子女，没有兄弟姐妹，相关的题目可以不答。问卷不记名，请您如实回答。

下面举例说明对每个题目的回答方法。

		从不	偶尔	经常	总是
1. 父母常常打您吗？	父	1	2	3	4
	母	1	2	3	4

		从不	偶尔	经常	总是
2. 父母对你很亲热吗？	父	1	2	3	4
	母	1	2	3	4

题　目	从不	偶尔	经常	总是
1. 我觉得父母干涉我所做的每一件事	1	2	3	4
	1	2	3	4
2. 我能通过父母的言谈、表情感受他（她）很喜欢我	1	2	3	4
	1	2	3	4
3. 与我的兄弟姐妹比，父母更宠爱我	1	2	3	4
	1	2	3	4
4. 我能感到父母对我的喜爱	1	2	3	4
	1	2	3	4
5. 即使是很小的过失，父母也会惩罚我	1	2	3	4
	1	2	3	4
6. 父母总试图潜移默化地影响我，使我成为出类拔萃的人	1	2	3	4
	1	2	3	4
7. 我觉得父母允许我在某些方面有独到之处	1	2	3	4
	1	2	3	4
8. 父母能让我得到其他兄弟姐妹得不到的东西	1	2	3	4
	1	2	3	4

续表

题 目	从不	偶尔	经常	总是
9. 父母对我的惩罚是公平的、恰当的	1	2	3	4
	1	2	3	4
10. 我觉得父母对我很严厉	1	2	3	4
	1	2	3	4
11. 父母总是左右我该穿什么衣服或该打扮成什么样子	1	2	3	4
	1	2	3	4
12. 父母不允许我做一些其他孩子可以做的事情，因为他们害怕我会出事	1	2	3	4
	1	2	3	4
13. 在我小时候，父母曾当着别人的面打我或训斥我	1	2	3	4
	1	2	3	4
14. 父母总是很关注我晚上干什么	1	2	3	4
	1	2	3	4
15. 遇到不顺心的事时，我能感到父母在尽量鼓励我，使我得到一些安慰	1	2	3	4
	1	2	3	4
16. 父母总是过分担心我的健康	1	2	3	4
	1	2	3	4
17. 父母对我的惩罚往往超过我应受的程度	1	2	3	4
	1	2	3	4
18. 如果我在家里不听吩咐，父母就会发火	1	2	3	4
	1	2	3	4
19. 如果我做错了什么事，父母总是表现出伤心的样子，使我有一种犯罪感或负疚感	1	2	3	4
	1	2	3	4
20. 我觉得父母难以接近	1	2	3	4
	1	2	3	4

续表

题　目	从不	偶尔	经常	总是
21. 父母曾在别人面前唠叨一些我说过的话或做过的事，这使我感到很难堪	1	2	3	4
	1	2	3	4
22. 我觉得父母更喜欢我，而不是我的兄弟姐妹	1	2	3	4
	1	2	3	4
23. 在满足我需要的东西方面，父母是很小气的	1	2	3	4
	1	2	3	4
24. 父母常常很在乎我取得的分数	1	2	3	4
	1	2	3	4
25. 在面临一项困难时，我能感到来自父母的支持	1	2	3	4
	1	2	3	4
26. 在家里往往被当做“替罪羊”或“害群之马”	1	2	3	4
	1	2	3	4
27. 父母总是挑剔我所喜欢的朋友	1	2	3	4
	1	2	3	4
28. 父母总以为他们的不快是由我引起的	1	2	3	4
	1	2	3	4
29. 父母总试图鼓励我，使我成为佼佼者	1	2	3	4
	1	2	3	4
30. 父母总向我表示他们是爱我的	1	2	3	4
	1	2	3	4
31. 父母对我很信任且允许我独自完成某些事	1	2	3	4
	1	2	3	4
32. 我觉得父母很尊重我的想法	1	2	3	4
	1	2	3	4

续表

题 目	从不	偶尔	经常	总是
33. 我觉得父母很愿意跟我在一起	1	2	3	4
	1	2	3	4
34. 我觉得父母对我很小气，很吝啬	1	2	3	4
	1	2	3	4
35. 父母总是对我说类似“如果你这样做我会很伤心”之类的话	1	2	3	4
	1	2	3	4
36. 父母要求我回到家里必须得向他们说明我在做的事情	1	2	3	4
	1	2	3	4
37. 我觉得父母在尽量使我的青春更有意义和丰富多彩（如给我买很多的书，安排我去夏令营或参加俱乐部）	1	2	3	4
	1	2	3	4
38. 父母经常向我表述类似“这就是我们为你整日操劳而得到的报答吗”之类的话	1	2	3	4
	1	2	3	4
39. 父母常以不能娇惯我为借口不满足我的要求	1	2	3	4
	1	2	3	4
40. 如果不按父母所期望的去做，就会使我在良心上感到不安	1	2	3	4
	1	2	3	4
41. 我觉得父母对我的学习成绩、体育活动或类似的事情有较高的要求	1	2	3	4
	1	2	3	4
42. 当我感到伤心的时候可以从父母那儿得到安慰	1	2	3	4
	1	2	3	4
43. 父母曾无缘无故地惩罚我	1	2	3	4
	1	2	3	4
44. 父母允许我做一些我的朋友们也会做的事情	1	2	3	4
	1	2	3	4

续表

题　目	从不	偶尔	经常	总是
45. 父母经常对我说他们不喜欢我在家里的表现	1	2	3	4
	1	2	3	4
46. 每当我吃饭时，父母就劝我或强迫我再多吃一些	1	2	3	4
	1	2	3	4
47. 父母经常当着别人的面批评我懒惰、无用	1	2	3	4
	1	2	3	4
48. 父母常常关注我交往什么样的朋友	1	2	3	4
	1	2	3	4
49. 如果发生什么事情，我常常是兄弟姐妹中唯一受责备的一个	1	2	3	4
	1	2	3	4
50. 父母能让我顺其自然地发展	1	2	3	4
	1	2	3	4
51. 父母经常对我粗俗无礼	1	2	3	4
	1	2	3	4
52. 父母有时会为一点儿鸡毛蒜皮的小事而严厉地惩罚我	1	2	3	4
	1	2	3	4
53. 父母曾无缘无故地打过我	1	2	3	4
	1	2	3	4
54. 父母通常会参与我的业余爱好活动	1	2	3	4
	1	2	3	4
55. 我经常挨父母打	1	2	3	4
	1	2	3	4
56. 父母常常允许我到我喜欢去的地方，而他们又不会过分担心	1	2	3	4
	1	2	3	4

续表

<table>
<tr><th>题　目</th><th>从不</th><th>偶尔</th><th>经常</th><th>总是</th></tr>
<tr><td rowspan="2">57. 父母对我该做什么、不该做什么都有严格的限制而且绝不让步</td><td>1</td><td>2</td><td>3</td><td>4</td></tr>
<tr><td>1</td><td>2</td><td>3</td><td>4</td></tr>
<tr><td rowspan="2">58. 父母常以一种使我很难堪的方式对待我</td><td>1</td><td>2</td><td>3</td><td>4</td></tr>
<tr><td>1</td><td>2</td><td>3</td><td>4</td></tr>
<tr><td rowspan="2">59. 我觉得父母对我可能出事的担心是夸大的、过分的</td><td>1</td><td>2</td><td>3</td><td>4</td></tr>
<tr><td>1</td><td>2</td><td>3</td><td>4</td></tr>
<tr><td rowspan="2">60. 我觉得与父母之间存在一种温暖、体贴和亲热的感觉</td><td>1</td><td>2</td><td>3</td><td>4</td></tr>
<tr><td>1</td><td>2</td><td>3</td><td>4</td></tr>
<tr><td rowspan="2">61. 父母能容忍我与他们有不同的见解</td><td>1</td><td>2</td><td>3</td><td>4</td></tr>
<tr><td>1</td><td>2</td><td>3</td><td>4</td></tr>
<tr><td rowspan="2">62. 父母常常在我不知道原因的情况下对我大发脾气</td><td>1</td><td>2</td><td>3</td><td>4</td></tr>
<tr><td>1</td><td>2</td><td>3</td><td>4</td></tr>
<tr><td rowspan="2">63. 当我所做的事取得成功时，我知道父母很为我自豪</td><td>1</td><td>2</td><td>3</td><td>4</td></tr>
<tr><td>1</td><td>2</td><td>3</td><td>4</td></tr>
<tr><td rowspan="2">64. 父母经常拥抱我</td><td>1</td><td>2</td><td>3</td><td>4</td></tr>
<tr><td>1</td><td>2</td><td>3</td><td>4</td></tr>
</table>

附录 10：心理复原力量表（RS）中文版

指导语：下面是一些描述你自己的句子，请阅读以下的叙述，并从量表中选出最能描述您的特质的选项。请根据您的日常生活经验答题，把最符合您实际情况的数字圈起来。有些叙述句很类似，但请勿略过不答。

项　目	极不正确	很不正确	稍不正确	中立	稍正确	很正确	极正确
1. 当我定了计划以后就照计划做	1	2	3	4	5	6	7
2. 我经常能找到某种方式将问题解决	1	2	3	4	5	6	7
3. 我依靠自己更甚于依靠他人	1	2	3	4	5	6	7
4. 对我而言，对事情保持兴趣是很重要的	1	2	3	4	5	6	7
5. 如果有必要，我可以独立自主	1	2	3	4	5	6	7
6. 在我的生活中我为我所完成的事情感到骄傲	1	2	3	4	5	6	7
7. 我通常能接受发生的事情而不受影响	1	2	3	4	5	6	7
8. 我是自己的朋友（独处时也可以过得快乐）	1	2	3	4	5	6	7
9. 我觉得我可以同时处理很多事情	1	2	3	4	5	6	7
10. 我是个果决的人	1	2	3	4	5	6	7
11. 我很少疑惑自己在做什么事（我的生活有目标）	1	2	3	4	5	6	7
12. 面对问题时，我一步一步地解决而不是想一次全部解决	1	2	3	4	5	6	7
13. 因为我以前遭遇过困难，所以我能渡过后来的难关	1	2	3	4	5	6	7
14. 我有自制力	1	2	3	4	5	6	7
15. 我对事情保持兴趣	1	2	3	4	5	6	7
16. 我经常可以发现好笑的事	1	2	3	4	5	6	7
17. 我的自我信念（相信自己的能力）使我渡过难关	1	2	3	4	5	6	7
18. 在危急时刻，我通常是别人可以依靠的对象	1	2	3	4	5	6	7

续表

项 目	极不正确	很不正确	稍不正确	中立	稍正确	很正确	极正确
19. 我经常可以发现好笑的事	1	2	3	4	5	6	7
20. 有时我会要自己去做一些事情，不管我想或不想做（在艰困的时刻我能坚持下去）	1	2	3	4	5	6	7
21. 我的生活有意义	1	2	3	4	5	6	7
22. 我不会花太多心思在我无力改变的事情上	1	2	3	4	5	6	7
23. 当我处于困境时，我通常可以自己找到出路	1	2	3	4	5	6	7
24. 大部分的时候我有足够的精力去做我该做我该做的事	1	2	3	4	5	6	7
25. 如果有人不喜欢我，没有关系	1	2	3	4	5	6	7

附录 11：儿童自我意识问卷

下面有 80 个问题，是了解你是怎么看待你自己的。请你决定哪些问题符合你的实际情况，哪些问题不符合你的实际情况。如果你认为某一个问题符合或基本符合你的实际情况，就在“是”上画圈，如果不符合或基本不符合你的实际情况，就在“不是”上画圈。对于每一个问题你只能作一种回答，并且每个问题都应该回答，请注意，这里要回答的是你实际上认为你怎样，而不是回答你认为你应该怎样。

项 目	答 案	
1. 我的同学嘲弄我	是	不是
2. 我是一个幸福的人	是	不是
3. 我很难交朋友	是	不是
4. 我经常悲伤	是	不是
5. 我聪明	是	不是
6. 我害羞	是	不是

续表

项 目	答 案	
7. 当老师找我时，我感到紧张	是	不是
8. 我的容貌使我烦恼	是	不是
9. 我长大后将成为一个重要的人物	是	不是
10. 当学校要考试时，我就烦恼	是	不是
11. 我和别人合不来	是	不是
12. 在学校里我表现好	是	不是
13. 当某件事做错了常常是我的过错	是	不是
14. 我给家里带来麻烦	是	不是
15. 我是强壮的	是	不是
16. 我常常有好主意	是	不是
17. 我在家里是重要的一员	是	不是
18. 我常常想按自己的主意办事	是	不是
19. 我善于做手工劳动	是	不是
20. 我易于泄气	是	不是
21. 我的学校作业做得好	是	不是
22. 我干许多坏事	是	不是
23. 我很会画画	是	不是
24. 在音乐方面我不错	是	不是
25. 我在家表现不好	是	不是
26. 我完成学校作业很慢	是	不是
27. 在班上我是一个重要的人	是	不是
28. 我容易紧张	是	不是
29. 我有一双漂亮的眼睛	是	不是
30. 在全班同学面前讲话我可以讲得很好	是	不是

续表

项　目	答　案	
31. 在学校我是一个幻想家	是	不是
32. 我常捉弄我的兄弟姐妹	是	不是
33. 我的朋友喜欢我的主意	是	不是
34. 我常常遇到麻烦	是	不是
35. 在家里我听话	是	不是
36. 我运气好	是	不是
37. 我常常很担忧	是	不是
38. 我的父母对我期望过高	是	不是
39. 我喜欢按自己的方式做事	是	不是
40. 我觉得自己做事丢三落四	是	不是
41. 我的头发很好	是	不是
42. 在学校我自愿做一些事	是	不是
43. 我希望我与众不同	是	不是
44. 我晚上睡得好	是	不是
45. 我讨厌学校	是	不是
46. 在游戏活动中我是最后被选入的成员之一	是	不是
47. 我常常生病	是	不是
48. 我常常对别人小气	是	不是
49. 在学校里同学们认为我有好主意	是	不是
50. 我不高兴	是	不是
51. 我有很多朋友	是	不是
52. 我快乐	是	不是
53. 对大多数事我不发表意见	是	不是
54. 我长得漂亮	是	不是

续表

项　目	答　案	
55. 我精力充沛	是	不是
56. 我常常打架	是	不是
57. 我与男孩子合得来	是	不是
58. 别人常常捉弄我	是	不是
59. 我家里对我失望	是	不是
60. 我有一张令人愉快的脸	是	不是
61. 当我要做什么事时总觉得不顺心	是	不是
62. 在家里我常常被捉弄	是	不是
63. 在游戏和体育活动中我是一个带头人	是	不是
64. 在游戏和体育活动中我只看不参加	是	不是
65. 我常常忘记我所学的东西	是	不是
66. 我容易和别人相处	是	不是
67. 我容易发脾气	是	不是
68. 我与女孩子合得来	是	不是
69. 我喜欢阅读	是	不是
70. 我宁愿独自干事，而不愿与许多人一起做事情	是	不是
71. 我喜欢我的兄弟姐妹	是	不是
72. 我的身材好	是	不是
73. 我常常害怕	是	不是
74. 我总是打坏东西	是	不是
75. 我能得到别人的信任	是	不是
76. 我与众不同	是	不是
77. 我常常有一些坏的想法	是	不是
78. 我容易哭叫	是	不是
79. 我是一个好人	是	不是

附录 12：大学生网络使用基本情况调查表

1. 您的网龄：□ 0–3 年　□ 3–5 年　□ 5–8 年　□ 8 年以上

2. 平均每天上网的时长：□ 3 个小时以下　□ 3–6 小时
　　□ 6–9 小时　□ 9 小时以上

3. 您使用的上网工具（可多选）：□电脑　□手机　□平板

4. 主要的上网地点（可多选）：□宿舍　□网吧　□家里　□学校机房
　　□其他

5. 您上网的原因？请把符合您实际情况的数字用"○"圈起来。

项目	从不	很少	偶尔	有时	经常
1. 获取各种信息	1	2	3	4	5
2. 与家人、朋友联系	1	2	3	4	5
3. 结交新朋友	1	2	3	4	5
4. 休闲娱乐	1	2	3	4	5
5. 扮演与现实生活不同的角色	1	2	3	4	5
6. 学习知识与技能	1	2	3	4	5
7. 打游戏	1	2	3	4	5

6. 您上网的时候在以下哪些网络功能上花费较长时间？请把符合您实际情况的数字用"○"圈起来。

项目	从不	很少	偶尔	有时	经常
1. 电子邮件（E–mail）	1	2	3	4	5
2. 下载资源（软件、电影、学习资料等）	1	2	3	4	5
3. 信息查询（百度、谷歌等）	1	2	3	4	5
4. 聊天（QQ、微信等）	1	2	3	4	5
5. 网络论坛（贴吧、豆瓣等）	1	2	3	4	5

续表

项目	从不	很少	偶尔	有时	经常
6. 网络游戏（英雄联盟、魔兽世界等）	1	2	3	4	5
7. 个人主页（微博、朋友圈等）	1	2	3	4	5
8. 网上购物（淘宝、美团、支付宝等）	1	2	3	4	5
9. 网络教育（网络课堂、远程教学等）	1	2	3	4	5
10. 个人理财（炒股、余额宝等）	1	2	3	4	5
11. 休闲娱乐（看电影、听音乐等）	1	2	3	4	5
12. 网络电话（skype、微会等）	1	2	3	4	5

附录 13：大学生网络依赖程度调查表

请结合您一年之内的实际情况，判断每一条陈述与您之间的符合程度。请把符合您实际情况的数字程度用“○”圈起来。

项目	完全不符合	不太符合	一般符合	比较符合	完全符合
1. 我发现自己花费越来越多的时间上网	1	2	3	4	5
2. 我不能控制自己上网的冲动	1	2	3	4	5
3. 我内心对上网的需求在增加，虽然上网的时间和以前一样	1	2	3	4	5
4. 以前多次有人告诉我，我花了太多时间上网	1	2	3	4	5
5. 与现实相比，我更愿意在网上结交新朋友	1	2	3	4	5
6. 我只要有一段时间没有上网，就会觉得心里不舒服	1	2	3	4	5
7. 网络断线或接不上时，我会坐立不安	1	2	3	4	5
8. 当有人打扰我上网时，我会很烦	1	2	3	4	5
9. 我为了能有更多时间上网，会减少睡眠时间	1	2	3	4	5
10. 每次下网时，我都期盼着能够尽快上网	1	2	3	4	5
11. 我感觉自己完全对网络着迷（不断想着先前上网的事情并期待着下一次上网）	1	2	3	4	5

续表

项目	完全不符合	不太符合	一般符合	比较符合	完全符合
12. 因为频繁的上网致使我身体虚弱、精神状态不好。	1	2	3	4	5
13. 我曾多次因为上网而睡眠不足	1	2	3	4	5
14. 由于上网，我忘记过复习功课和做作业	1	2	3	4	5
15. 因上网导致我减少了平常休闲活动的时间	1	2	3	4	5
16. 因为有一段时间没有上网，我就会觉得自己好像错过了什么	1	2	3	4	5
17. 我会觉得没有网络的生活枯燥、空虚和无趣	1	2	3	4	5
18. 我的工作或学业的一些负面影响是由于上网而造成的	1	2	3	4	5
19. 我的学习受到上网时间太长的影响	1	2	3	4	5
20. 晚上睡觉时，我有时也会梦到网上的内容	1	2	3	4	5

附录 14：心理健康水平自评量表（SCL-90）

指导语：您好，请您根据最近一周以来自己的实际情况，在五个选项中选择最符合您的一项。

项　目	无	轻度	中度	偏重	严重
1. 头痛	0	1	2	3	4
2. 神经过敏，心中不踏实	0	1	2	3	4
3. 头脑中有不必要的想法或字句盘旋	0	1	2	3	4
4. 头晕或晕倒	0	1	2	3	4
5. 对异性的兴趣减退	0	1	2	3	4
6. 对旁人求全责备	0	1	2	3	4
7. 感到别人能控制您的思想	0	1	2	3	4
8. 责怪别人制造麻烦	0	1	2	3	4
9. 忘性大	0	1	2	3	4

续表

项　目	无	轻度	中度	偏重	严重
10. 担心自己的衣饰整齐及仪态的端正	0	1	2	3	4
11. 容易烦恼和激动	0	1	2	3	4
12. 胸痛	0	1	2	3	4
13. 害怕空旷的场所或街道	0	1	2	3	4
14. 感到自己的精力下降，活动减慢	0	1	2	3	4
15. 想结束自己的生命	0	1	2	3	4
16. 听到旁人听不到的声音	0	1	2	3	4
17. 发抖	0	1	2	3	4
18. 感到大多数人都不可信任	0	1	2	3	4
19. 胃口不好	0	1	2	3	4
20. 容易哭泣	0	1	2	3	4
21. 同异性相处时感到害羞不自在	0	1	2	3	4
22. 感到受骗、中了圈套或有人想抓住您	0	1	2	3	4
23. 无缘无故地突然感到害怕	0	1	2	3	4
24. 自己不能控制地发脾气	0	1	2	3	4
25. 怕单独出门	0	1	2	3	4
26. 经常责怪自己	0	1	2	3	4
27. 腰痛	0	1	2	3	4
28. 感到难以完成任务	0	1	2	3	4
29. 感到孤独	0	1	2	3	4
30. 感到苦闷	0	1	2	3	4
31. 过分担忧	0	1	2	3	4
32. 对事物不感兴趣	0	1	2	3	4
33. 感到害怕	0	1	2	3	4

续表

项 目	无	轻度	中度	偏重	严重
34. 感情容易受到伤害	0	1	2	3	4
35. 旁人能知道您的私下想法	0	1	2	3	4
36. 感到别人不理解您、不同情您	0	1	2	3	4
37. 感到人们对您不友好，不喜欢您	0	1	2	3	4
38. 做事必须做得很慢以保证做得正确	0	1	2	3	4
39. 心跳得很厉害	0	1	2	3	4
40. 恶心或胃部不舒服	0	1	2	3	4
41. 感到比不上他人	0	1	2	3	4
42. 肌肉酸痛	0	1	2	3	4
43. 感到有人在监视您、谈论您	0	1	2	3	4
44. 难以入睡	0	1	2	3	4
45. 做事必须反复检查	0	1	2	3	4
46. 难以作出决定	0	1	2	3	4
47. 怕乘电车、公共汽车、地铁或火车	0	1	2	3	4
48. 呼吸有困难	0	1	2	3	4
49. 一阵阵发冷或发热	0	1	2	3	4
50. 因为感到害怕而避开某些东西、场合或活动	0	1	2	3	4
51. 脑子变空了	0	1	2	3	4
52. 身体发麻或刺痛	0	1	2	3	4
53. 喉咙有梗塞感	0	1	2	3	4
54. 感到没有前途没有希望	0	1	2	3	4
55. 不能集中注意力	0	1	2	3	4
56. 感到身体的某一部分软弱无力	0	1	2	3	4
57. 感到紧张或容易紧张	0	1	2	3	4

续表

项　目	无	轻度	中度	偏重	严重
58. 感到手或脚发重	0	1	2	3	4
59. 想到死亡	0	1	2	3	4
60. 吃得太多	0	1	2	3	4
61. 当别人看着您或谈论您时感到不自在	0	1	2	3	4
62. 有一些不属于您自己的想法	0	1	2	3	4
63. 有想打人或伤害他人的冲动	0	1	2	3	4
64. 醒得太早	0	1	2	3	4
65. 必须反复洗手、点数目或触摸某些东西	0	1	2	3	4
66. 睡得不稳不深	0	1	2	3	4
67. 有想摔坏或破坏东西的冲动	0	1	2	3	4
68. 有一些别人没有的想法或念头	0	1	2	3	4
69. 感到对别人神经过敏	0	1	2	3	4
70. 在商店或电影等人多的地方感到不自在	0	1	2	3	4
71. 感到任何事情都很困难	0	1	2	3	4
72. 一阵阵恐惧或惊恐	0	1	2	3	4
73. 感到在公共场合吃东西很不舒服	0	1	2	3	4
74. 经常与人争论	0	1	2	3	4
75. 单独一人时神经很紧张	0	1	2	3	4
76. 认为别人对您的成绩没有作出恰当的评价	0	1	2	3	4
77. 即使和别人在一起也感到孤单	0	1	2	3	4
78. 感到坐立不安心神不定	0	1	2	3	4
79. 感到自己没有什么价值	0	1	2	3	4
80. 感到熟悉的东西变成陌生或不像是真的	0	1	2	3	4
81. 大叫或摔东西	0	1	2	3	4

续表

项 目	无	轻度	中度	偏重	严重
82. 害怕会在公共场合晕倒	0	1	2	3	4
83. 感到别人想占您的便宜	0	1	2	3	4
84. 为一些有关“性”的想法而很苦恼	0	1	2	3	4
85. 您认为应该因为自己的过错而受到惩罚	0	1	2	3	4
86. 想要赶快把事情做完	0	1	2	3	4
87. 感到自己的身体有严重问题	0	1	2	3	4
88. 从未感到和其他人很亲近	0	1	2	3	4
89. 感到自己有罪	0	1	2	3	4
90. 感到自己的脑子有毛病	0	1	2	3	4

附录 15：自编《高校心理健康教育课程设置调查表》

1. 请问贵校有没有开设与心理健康教育相关的课程？

①有　　②没有　　③不清楚

2. 请问贵校的心理健康教育课程是怎么设置的？

①一周一节（40 分钟）　②一周两节（80 分钟）

③一周三节（120 分钟）　④一周四节（160 分钟）及以上

3. 心理健康教育课程是否由心理学专业毕业的教师所教授？

①是　　②不是

4. 请问贵校会每年给在校学生建立心理档案吗？如果选择①或者②，请继续填③

①会，每学年都会建立　②会，只会给新生建立

③已经建立了（　）年　④不会建立

5. 请问贵校有没有心理健康相关的学生会部门或社团？

①有，既有相关的学生会部门又有社团

②有，只有相关学生会部门

③有，只有相关的社团

④没听说过

6. 请问贵校有没有心理咨询室?

①有，并且配置心理咨询专业人员

②有，但没有心理咨询专业人员，只有相关工作人员

③有，但没有工作人员，处于闲置状态

④没有心理咨询室

7. 请问贵校心理咨询室中都有哪些设施?（比如团辅室、沙盘室、宣泄室、音乐治疗室、接待室等）

8. 请问贵校每年会组织和开展与心理健康相关的活动吗？成效如何？是全校开展还是个别院系开展？（与心理健康相关的活动如：团体心理辅导、心理剧表演、心理健康相关讲座等）

9. 请问您认为在当今网络时代大学生心理健康教育是否有必要，简要说明几点理由；您对您所在学校的心理健康教育是否满意，有什么需要改进的地方？

附录 16：调研风采

图 1　出发前会议准备

图 2　调研路上 1

图 3　调研路上 2

图 4　调研路上 3

图 5　调研路上 4

图 6　调研现场 1

图 7　调研现场 2

图 8　调研现场 3

图 9　调研现场 4

图 10　调研问卷整理 1

图 11　调研问卷整理 2

图 12　与学生合影

后　记

“青海民族地区儿童青少年心理发展与教育”是李美华教授申请的国家社科基金项目，自 2013 年获批以来，课题组成员根据研究内容，设计研究程序，合理分工，多次深入青海省多个州县，对青海儿童青少年基本认知能力、人格和自我认识、情绪和社会性、情绪和学业的发展特点等进行调查研究，获得了大量的第一手资料，并从不同维度比较教师、家长对儿童青少年心理发展特点研究的影响，分析存在的差异及问题，写出了多篇阶段性的研究报告和论文，为青海儿童青少年的心理发展与教育相关研究奠定了丰厚的研究基础。本项目研究原计划是 2017 年 6 月完成，但由于多方原因拖延至 2019 年最终完成。一方面，调查被试群体复杂，地域分散，课题的测查范围大、被试多、测试耗时长，数据分析工作量大，所以研究周期较长；另一方面，项目调研人员不足，人员涉及研究生参与者毕业后无法继续参与本课题的后续调查与研究，所以变更后的人员要重新熟悉课题研究任务。根据研究的任务、阶段，首先形成了阶段性成果，2019 年 1 月形成了最终成果。

本课题的研究，立足于青海儿童青少年各年龄阶段的心理发展特点，根植于青海多元文化背景的土壤，通过认知能力、人格、自我概念、自尊、亲社会行为、归因、焦虑、攻击行为、友谊质量、生活事件等多个方面进行研究，力图对青海儿童青少年心理发展有全面细致的了解，为相关教育工作者的工作决策提供理论依据。根据研究的内容，形成了阶段性成果《留守儿童的教育公平与心理问题探究》《青海互助土族地区青少年自尊和家庭教养方式的关系研究》《藏族学生藏汉双语认知加工比较》《青海回族地区青少年心理复原力研究》《青海民族地区流动儿童人格特征与情绪关系研究》《藏族大学生阅读不同文体篇章眼动分析》《大学生人际关系影响因素调查研究》《青海省小学留守儿童认知能力发展现状》《西宁市流动儿童孤独感现状》《留守高中生同伴友谊质量与其自尊的关系研究》《流动儿童孤独感探析》。项目结题后，课题组的几位教授分别发表了阶段性成果，并对每一章节进行了认真的修改，整理形成本书稿。

本书共分十章，除第一章外，每一章都是一个相对独立的研究报告，研究内容具体、客观，在儿童青少年心理发展研究方面涉猎的范围广泛，对青海中小学学生心理发展从多方面进行了较为深入系统的梳理，研究人员经过实验调查及实证数据分析，得出的研究资料，翔实可靠，数据真实，各章的编写分工如下：李美华、任晓美、陈硕（第一章），才让措、陈珂、任晓美（第二章），李美华、王小萌、王佳恒（第三章），李美华、任晓美、赵乐（第四章），赵慧莉、余佳祯、张晓霞（第五章），赵慧莉、冯柳青、王彩虹（第六章），李美华、曹欣、张晓霞（第七章），李美华、李想想、尤祺（第八章），李美华、王小萌、陈珂（第九章），李美华、陈硕、任晓美（第十章）。本书由李美华教授统编定稿，赵慧莉教授、才让措教授、祁乐瑛教授进行了全书文字、表格、注释等内容的修改、校对和整理，在此期间，还有许许多多的同事、研究生、本科学生在多次的修改、校对和整理工作中给予了我们多方的支持和帮助。衷心感谢刘德英教授、乔杰副教授、张建涛、陈硕、任晓美、陈珂、王彩虹、王佳恒、冯柳青、余佳祯、曹欣、赵乐、尤祺、耿莎莎、陈佩强、李想想、赵琳、贺新、陈思超、杨柳等硕士研究生在课题研究程序设计、课题调研、分报告撰写、校对上做了大量工作，为课题的顺利完成奠定了基础。

本书在完成过程中参考了国内外许多相关的文献和资料，在此向各位作者表示最真挚的谢意！尽管我们在研究过程中付出了很大的努力，但由于水平有限，书中定有很多的疏漏和不足，敬请各位读者不吝赐教，批评指正，为我们提出宝贵的意见和建议！

编者

2020 年 12 月

图书在版编目(CIP)数据

青海民族地区儿童青少年心理发展与教育 / 李美华编著. -- 北京：民族出版社，2021.11
ISBN 978-7-105-16564-3

Ⅰ. ①青… Ⅱ. ①李… Ⅲ. ①民族地区－儿童心理学－研究－青海 ②民族地区－青少年心理学－研究－青海 Ⅳ. ①B844.1 ②B844.2

中国版本图书馆CIP数据核字（2021）第258793号

青海民族地区儿童青少年心理发展与教育

策划编辑　乔丽
责任编辑　乔丽　向阳
封面设计　金晔
出版发行　民族出版社
地　　址　北京市和平里北街14号
邮　　编　100013
网　　址　http://www.mzpub.com
印　　刷　北京中石油彩色印刷有限责任公司
经　　销　各地新华书店
版　　次　2021年11月第1版　2021年11月北京第1次印刷
开　　本　787毫米×1092毫米　1/16
字　　数　300千字
印　　张　17
定　　价　50.00元
ISBN 978-7-105-16564-3 / B・875（汉297）

该书若有印装质量问题，请与本社发行部联系退换
编辑室电话：010-64971909　发行部电话：010-64224782